DAKEXUEJIA JIANG DE XIAOGUSHI
SHENGMING DE MIMA

谈家桢◎著

生命的密码

大科学家
讲 的
小故事

DAKEXUEJIA JIANG DE XIAOGUSHI

U0335552

湖南少年儿童出版社

1998年，我刚刚跨入90岁。对于我这样一个长期从事科学教育事业的老人来说，最大的心愿莫过于期望自己曾为之奋斗和献身的事业能够后继有人了。为此，我十分愿意把我这大半生走过的道路以及自己的体会跟青少年朋友们谈谈。这就是我写这本书的目的所在。

其实，近年来，常常有不少青少年朋友问我：

"作为一个生命科学家，你对未来的21世纪生命科学的前景是怎么看的？你认为，中国将在其中发挥怎样的作用？"

从一定意义上看，21世纪将是生命科学的世纪。21世纪人类的两大主题是生存和发展。

进入世纪之交以来，为了延长人的寿

命，国际上的基因研究正风起云涌，目前一个正在进行中的重大课题就是基因组研究。人体说起来可不简单呢，总共大约有10万个基因，分布在24条染色体上，要搞清它们的排列程序，其艰难繁杂不亚于攀登月球。这是一个前沿课题，中国不能落后于世界。到了21世纪，在排除疾病和意外伤亡等因素的前提下，人均寿命在现在70多岁的基础上有可能再提高20~40岁，也就是说，人活到100岁以上是没有问题的！

再有一个就是粮食问题，即生存问题。20世纪50年代以来，人类利用遗传学上的杂交优势，使粮食产量成倍增长，这是第一次绿色革命；现在用遗传工程来解决生存问题，是第二次绿色革命。所以说，人要健康长寿，还要丰衣足食，要生活得有质量，基因工程在这一领域将是大有作为的。

我觉得，生命科学世纪的到来，对我们中国来说，具有两方面的意义。首先，我们中国是最大的发展中国家，人口多，耕地少。党中央一直提醒大家，我们中国要以7%的耕地养活世界上22%的人口。仔细想一想，这两个数字是很令人警醒的。中国这么大的国家，不可能靠大量进口粮食来解决吃饭问题，要养活十几亿人，必须靠农业革命，靠生物科学技术。其次，中国这么大的国家，人的健康也是个大问题。现在威胁人类健康的各种慢性病有许多都是遗传的，而生命科学的发展将为治疗这些遗传性疾病提供新的可能性。

20世纪90年代初，美国提出要搞清楚人的全部基因组，在2005年前用30亿美元做成这件事。

为什么要搞人类基因组研究？

我觉得除了在生命科学基础研究方面具有重大意义外，它在揭示人类疾病病因，发展各种有效药物方面的价值更难估量。譬如，已知10万个基因中与人的遗传疾病相关的有5000~6000个。随着人类基因组工程研究的不断深化，人类对疾病的观念和疾病治疗的观念将会发生根本的变化。

为此，现在除了美国外，日本、法国、英国、德国等都不甘落后。他们大量投资，所以进展很快，形势逼人。

国内要搞这项工作，除了资金问题以外，还有人才过于分散，没有组织起来的问题。尽管国家对这方面的研究很重视，如前些年863计划搞的基因治疗等，但有关人类基因组的基础工作没有及时抓，而国外的研究机构却竭力设法通过各种途径，在中国搜集中国人群基因组原始资料，特别是在山区和少数民族地区。在这些地区，近亲结婚的人较多，在近亲结婚的后代中较易找到遗传性疾病基因。让国外研究机构取走的这些资料不仅具有理论研究意义，更可以用来开发成为相关的药物进入市场。而到那个时候，我们还要从他们的手上出高价去买下那些药物！

在这种情况下，我们亟须考虑自己的对策。为此，我在1997年7月专门上书中央，希望国内及早开展人类基因组方面的研究，并采取措施，切实防止国内宝贵基因资源的外流。

令人高兴的是，这一意见很快得到了江总书记的高度重视，有关部门已着手拟订国家民族基因资源保护条例。当然，需要指出的是，在保护国家民族基因资源的前提下，我们绝不排斥国际合作，但这种合作应该是公平合作。正是在这样的大背景下，才有了今天大协作的基因研究组中心。

最后要谈到的，是现在一个十分重要的问题，也就是人才资源问题。可以这样说，相对于世界先进国家而言，我们在生命科学研究上的人才资源还是十分不足的。其实，搞科教兴国，搞知识经济，一个最为重要、最为关键的问题，就是人才问题，而未来跨世纪的人才，正是今天承担着学习任务的青少年一代。

所以，我想，如果我的这本书能够起到一点激发青少年一代奋发学习、献身科学的作用的话，对于我来说，就如愿以偿了。

谈家桢

1999年12月

　　1909年9月15日(旧历八月初二)，我出生在浙江宁波慈溪。

　　后来有人说，我生来就注定会忙碌，会多动，不会墨守成规。因为当我呱呱坠地时，当邮局职员的父亲正因频繁的工作调动而奔波于省内台州、海门、舟山、慈溪、杭州、南浔、百官、绍兴和龙泉一带，我就是在慈溪(今慈城)邮局的小楼上降生的。

　　在我四五岁时，父亲升任二级邮局局长，每月工资100多元大洋，家境渐渐变得好起来。

　　在我5岁时，父亲调往舟山邮局工作，全家就住在邮局后面的弄堂里。我的启蒙教育就从那时开始。其时，父亲买了三把旧高脚凳子，我和哥哥、姐姐三人各据一凳，睁大了眼睛，聚精会神地听识字不多的父亲为我们教课认字。

　　以后，父亲调往海门邮局工作，邮局楼上的两间房子便成了我们的家，居住条件又上了一个台阶。这时，有自知之明的父亲为我们请来了一位私塾先生，讲授《千字文》《百家姓》等。

谈家桢的父亲谈振铺

江南的青山绿水、蝉唱虫鸣，在我的脑海中留下了深刻的印象，这对我日后攻读生物学不能不说有潜移默化的影响。我记得，那时我喜欢爬树，在树上，我可以尽情地观察大自然。

由于处在求知欲旺盛的年龄，我对周围的许多事物都充满了好奇心。我的外公是个木匠，他开了一家木匠铺，几个舅舅也学得一手木匠活。有一回，我去外公的木匠铺，眼见粗糙的木头在外公和舅舅的手中，经过一道道工序，变成美观耐用的木制成品，十分羡慕。趁着大人们不注意，我也拿了把斧子，找了块木料，学着大人们的架势，依样画葫芦地劈起来。毕竟是孩子，稍一走神，斧子一歪，劈在了左手大拇指的指甲盖上，鲜血立刻溢满了手指。那时，我还算硬气的，大哭过后，依旧缠着吓坏了的外公和舅舅学木匠活。他们教会了我敲敲打打，锯锯刨刨。到后来，我居然能自己设计并做出像样的木工活儿来。可以说，从那时起，我就开始培养自己的动手能力。

在我10岁时，父亲的工作又调回到慈溪。我和

小学时代的谈家桢（1917年）

哥哥被送进了当地的一所教会小学——道本小学。

　　慈溪人素有经商传统，当时的著名实业家、被称为"海上闻人"的虞洽卿和吴锦堂等人都是慈溪人，我家有不少亲戚朋友也活跃在上海、宁波的商界，上海有名的协大祥布店的总管，就是我家的亲戚。我12岁从道本小学毕业，按照父亲的计划，我要去上海或宁波学做生意。为了让父亲改变主意，我请来了当年介绍父亲去邮局工作的夏姓亲戚一起做父亲的工作。父亲终于勉强同意让我继续升学读书。这是我根据自己的意志所迈出的一生中十分重要的一步。

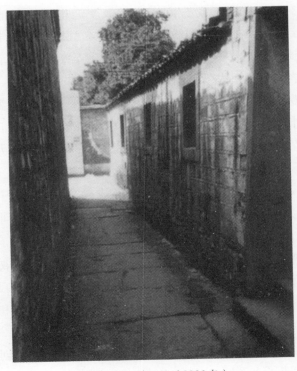

原道本小学大门至今依稀可见（2001年）

　　12岁时，我和哥哥一起进入宁波斐迪中学。斐迪中学在当时的宁波是一所由英国教会办的颇有名气的中学，学校学制为8年，最后两年为大学预科。学生毕业后如果进入圣约翰等教会大学，可免上大学预科班。

　　在教会学校中，英语和《圣经》课历来是重点，斐迪中学也不例外。学校要求学生能熟练地背诵《新约》和《旧约》，有些课程还用英语讲授。我的英语读、说、听、写能力就是在那时打下基础的。

　　进入中学阶段以后，我开始形成独立思考的习惯。那时，我读《圣经》中的第一章"创世纪"，总感到有点纳闷。"创世纪"中说，仁慈的上帝用六天的时间创造了天地万物，到第七天，上帝用泥土造出了一个男人，给他取名叫亚当，让他生活在伊甸园里，而后，上帝顾及亚当过于寂寞，又造了一个女人，就是夏娃。我们今天的人类就是亚当和夏娃的子孙……

　　我问自己："上帝真有那么万能吗？究竟是上帝创造了人还是人创造了上帝？"

冲撞终于不可避免。有一天，外籍教员向学生们提问：

"人是谁创造的？"

这是一个常规性问题，在教会学校，这样的问题，普通得就像每天吃早餐一样，纯粹是一种例行公事式的提问。可巧，教员叫到了我。

我站起身来，抿紧了嘴，我不想照着《圣经》上写的那样去回答，可我一时又不知道怎么回答才好。于是，憋了好半天。自然，我受到了教员一通严厉的呵斥。

下课了，同学们围着我，指指点点，数落着我。他们说，这样简单的问题，为什么不照《圣经》上说的那样去回答？我想了想，很坚定地说："虽然我现在不能回答这个问题，但我相信将来一定能正确地回答！"

那时，我没有想到，这样一句看似不经意的话，后来，竟对我的大半生产生了巨大的影响。1925年2月，我主动提出转学，只身来到湖州，进了教会办的湖州东吴第三中学高中部。

谈家桢和少先队员在一起（1990年　上海）

　　1926年，我作为东吴第三中学的优等生，被学校免试保送进入苏州东吴大学。

　　作为美国基督教会在中国开设的一所大学，苏州的东吴大学历来和北京的燕京大学、上海的圣约翰大学、济南的齐鲁大学和广州的岭南大学等齐名，它是1901年由上海的中西书院和苏州的中西书院合并而成。东吴大学的文理学院设在苏州，法学院设在上海。20世纪50年代起，东吴大学先后更名为江苏师范学院和苏州大学。一部分迁至台湾的东吴大学校友，也于50年代初在台湾创办东吴大学，现在台湾东吴大学已成为一所拥有文、理、法、商、外语5个部分，22个系，13000余名学生，在台岛颇具影响的综合性大学。66年后，1992年，我作为大陆科学家代表团成员首次访台，以东吴大学校友的身份访问过东吴大学。

　　我进入东吴大学时，达尔文的进化论思想和孟德尔学说已传入中国，并对中国的知识阶层产生了一定的影响。

　　1898年，严复将达尔文的《天演论》翻译出版。严复认为，与认识自然界的发展变化相比，当时的国人更迫切需要的是认识人类社会自身发展的规律。于是，《天演论》便率先成了严复进行思想启蒙的工具。

自《天演论》出版后的10多年时间里，先后发行的版本有30余种，仅上海商务印书馆的一个版本，1905年到1927年间就重印了24次。而在此期间，关于介绍达尔文进化论的文章和书籍相继问世，进化论思想在中国知识界得到广泛传播。

到了20年代，中国知识界又由对达尔文的兴趣进而扩大到对孟德尔新遗传思想的介绍和传播上，有人认为，孟德尔遗传学说的出现，标志着"达尔文以后时代的新世纪开始了"。

我那时同样对达尔文进化论表现出极大兴趣，在进入东吴大学以后，经过一番思考，我在平时基础较好的数学和生物学之间，选择了后者作为自己的专业。

在大学时代，我也十分热心公益活动。1928年秋至1929年夏，我义务出任由东吴大学学生创办的惠寒小学的校长。这所学校本着造福社会的宗旨，不收学生费用，实行义务教育，还免费为贫寒子弟提供学习用品。我当校长期间，把自己的零花钱都捐了出来。

在大学四年级时，

谈家桢的东吴大学毕业照（1930年）

我担任了"比较解剖学"实验课的助教。在担任实验课助教的同时,我还兼任桃坞中学的生物学教师。每天,在完成学业以外,我还要为实验课备课,做实验室的准备工作。遇到中学有课,我又要赶到桃坞中学,一身数任,反令我感到十分充实。我觉得,一个青年人在学生时代多挑一点担子,对他日后的发展是有百利而无一弊的。

谈家桢任惠寒小学校长期间与师生合影(局部)。二排右八为谈家桢(1928年)

在东吴大学学习期间，有一门课程给我留下了最为深刻的印象，那就是外籍教员泰斯克(Tasker)所讲授的"进化遗传与优生学"课程。当时的泰斯克老师还只是一位硕士生。他同时还开了另一门课程：比较解剖学。

在我一生阅读过的书籍中，没有一本书像《进化遗传与优生学》这么令我着迷，令我如此地专注和投入。

可以这么说，这本书，这门课程，对我毕生致力于遗传进化论和优生学研究产生了极为重要的影响。前前后后，我把这本书的原文版精读了几遍。在这本我保存至今的书里，可以看到70多年前我在每一页上所做的注，其中有我对许多问题提出的疑问，也有我的心得体会，甚至有我当时身临其境发出的由衷的感慨。我密密麻麻地写满了书页，可见我确实是下了很大一番功夫的。而且，我还结合这本书，如饥似渴地阅读了一大批关于进化论、遗传学和优生学等方面的书籍。

也正是在这段时间里，我读完了达尔文的原版《物种起源》。一时间，我豁然开朗，长期以来悬而未解的"人是谁创造的"这一问题，终于在书中找到了科学的答案。

谈家桢在东吴大学读书期间打网球。左二为谈家桢（1928年）

　　我进而想到，如果有朝一日，能用遗传方法来改变人种"基因"，那么，我们中国人的体质和遗传素质就将得到很大的提高，那将是一件多么有意义的事情啊！也就是在那段时间里，我的心中萌发了"科学救国"的思想。

　　其实，早在中学时代，我就已经阅读了严复的《天演论》以及《民报》上介绍进化论的文章。我接受生物学界进化发展、世界万物都在变化中进步的观点，这些文章为我否定"创世说"中造物主创造万物的观点提供了科学的依据。可以这样说，我选择生物专业并将之作为自己终生奋斗的事业，首先正是出于对进化论的浓厚兴趣。在我的科学生涯中，进化论问题始终是一个重要的研究主题，包括其后以瓢虫、果蝇为材料进行的一系列研究在内，都是为了论证和发展综合进化理论。在我成为一名遗传学工作者之前，我首先是一位进化论者。

另外值得一提的是，在我当年接触的有关文章和小册子中，还有两本书给我的印象十分深刻，一本是刘雄所著的《遗传与优生》，另一本是陈寿凡著的《人种改良学》。

谈家桢（中）与德国康斯登（坦）茨大学校长宋达（右二）及我国驻德使馆人员一起（1984年）

　　在我的大学生涯中，有一个插曲，那就是我和费孝通先生之间的一段颇有趣味的往事。

　　事情发生在我大学毕业前夕。经同学们的一致推选，我接受了编辑1930届年刊的任务。编辑年刊，工作量大而烦琐。其时，东吴大学文理学院在苏州，法学院在上海。为搜集材料和进行组织协调，我不时要奔波于苏沪两地，此外，为筹资金，还需跑厂商，拉广告。现在回想起来，当时为之投入的时间和精力是很多的，但又是必要的，因为这本身就是一件有益于学校、有益于同学的社会工作。通过年刊，同学们四年的成长经历得到了真实的反映，学校的教育实绩也留下了一份历史的记录。当然，我个人的组织能力也从中得到了培养和锻炼。

　　不到一年时间，通过商务印书馆的印刷出版，年刊问世了，得来确实不易。

　　遗憾的是，在当年的这份年刊上，唯独缺少预科二年级费孝通所在的一班同学的照片和材料。

　　原来，时为东吴大学医预科二年级学生的费孝通，是一位热血青年，也是学生运动的骨干，在同学中颇有威信。根据他后来的自述，他是1928年由东吴大学附属一中升入东吴大学医预科的。他想学成医业，为人治病。或许，当时在费孝通的心目中，搞年刊既浪费时间又转移了学生运动的视线，于是，在他的带头抵制下，他所在的那个年级的学生都没有参与年刊工作。1930年春，我兼任东吴大学普通生物学实验课的助教，费孝通就在这个班上，我们的师生关系便由此而来。

读完两年医预科后，费孝通的思想有了改变，他受当时革命思想的影响，决定不再学医，而去学社会科学。他认为，学好医学只能治一人之病，学好社会科学才能治万人之病。于是，他没有像其他医预科的同学一样去投考协和，而转学到燕京大学，进了社会学系，拜在吴文藻老师的门下。吴文藻老师的夫人就是著名作家冰心女士。

谈家桢与费孝通出席浦东新区政府召开的咨询会（1995年）

60多年后，费孝通已是名满天下的爱国民主人士和社会活动家。从80年代中期开始，他又担任了中国民主同盟中央委员会主席和全国人大副委员长的职务，为国事而操劳奔波。但他跟我见面时，总是十分谦虚地称呼我"老师"。

　　后来，90周年校庆时，我和费老都作为老校友应邀参加校庆盛会。交谈中，费老想起当年往事，风趣地说：

　　"虽然那时与谈老师唱反调，但是谈老师没有为此而计较。如果谈老师要报复我，给我生物学科打个不及格，我也就没法毕业了！"

谈家桢主持第一届国际地中海贫血学术讨论会（1987年）

　　大学阶段，我用三年半的时间修满了四年的学分。1930年夏，我在东吴大学毕业，获理学学士学位。

　　我的愿望是继续深造。直接一点说，就是想升入燕京大学攻读硕士学位。那时，东吴大学每年挑选出有培养前途的学生，让他们直接进燕京大学深造。从1921年到1933年间，燕京大学生物系培养了22名硕士，其中有9名是来自东吴大学的学生。

　　不久，东吴大学决定把我保送到燕京大学继续深造。

　　在前东吴大学生物系主任胡经甫和东吴大学生物系的创始人、洛氏基金会驻华代表祁天锡等人的帮助下，我还获得了洛氏基金会的资助。

　　我到达燕京大学后，首先拜访了胡经甫教授，其时胡经甫已是国内知名昆虫学权威。在我表达了决心从事遗传学研究的愿望后，胡经甫把我引荐给李汝祺教授，要我在李汝祺的门下攻读硕士学位。

　　李汝祺，早年毕业于当时被称为"留美预备学校"的清华学校。1919年至1923年，李汝祺在美国普度大学（Purdue

谈家桢在燕京大学读研究生时游览颐和园。第二排左二为谈家桢（1931年）

University)完成大学学业，其后，进入哥伦比亚大学动物系研究院摩尔根实验室进行研究工作，在著名的细胞学家和胚胎学家威尔逊(E. B. Wilson)教授和诺贝尔奖获得者、经典遗传学创始人摩尔根(T. H. Morgan)教授的共同指导下，从事果蝇的发生遗传学的研究工作，并成为哥伦比亚摩尔根实验室第一个获得博士学位的中国留学生。

1926年，李汝祺学成回国，先后在复旦大学和燕京大学担任生物系教授。我进入燕京大学时，李汝祺是当时该校唯一从事遗传学教学和研究的教授。

我在读研究生期间所做的研究课题是由胡经甫提出的。胡经甫希望我从事以亚洲瓢虫为实验材料的色斑变异遗传规律的研究，这可能跟胡经甫所从事的昆虫学研究有关，李汝祺表示同意。我的研究课题一事就这么定了下来。

1983年，在李汝祺90寿辰时，这位德高望重的科学家曾经深情地说过这样一句话：

"谈家桢先生是我一生所带过的研究生中最为突出的一个，这是我一生中感到珍惜的一件事。"

我给老师的献词是：

"淳厚朴实，德智体全面发展；六十年如一日，堪为师表。"

在我身上，李汝祺沿用了摩尔根实验室培养人才的教学方法，这套教学方法后来被称为"教而不包"。当然，施行这套教学方法的前提是"因材施教"，在有自学能力的学生身上施行这套方法特别有效，而且，特别有利于培养学生独立思考和解决问题的能力。

几年以后，当我到达大洋彼岸美国加州理工学院摩尔根实验室学习时，我才发现，原来李汝祺老师的教学方法与摩尔根是一脉相承的。

"教而不包"充分地调动了我的创造潜力。

在李汝祺老师的指导下，我一头扎进了课题研究之中，其乐无穷。白天，我跋涉在北京西山区的田野和森林里，为瓢虫捕捉饲料——蚜虫；晚上进入实验室喂养瓢虫，对瓢虫进行杂交实验，观察其后代性状变异性情况，一天常常要工作十四五个小时。

天地万物，生命奥秘无穷无尽。有同学见我对研究瓢虫如此专注，不免打趣说："你是想当中国的摩尔根吧？"

我笑而不答。

是否能成为中国的摩尔根，我不敢做太多的奢望，但是，摩尔根的道路，我是要毫不动摇地走下去的。

功夫不负有心人。只用了一年半的时间，我就完成了硕士论文，并通过答辩，获得学位。1932年，在李汝祺老师的建议下，我将硕士论文分解为各自独立成篇的三篇文章，其中的《异色瓢虫鞘翅色斑的变异》和《异色瓢虫的生物学记录》两篇在《北平自然历史公报》上发表，作为论文核心部分的《异色瓢虫鞘翅色斑的遗传》经李老师推荐，寄往大洋彼岸加州理工学院的摩尔根实验室。

摩尔根的助手杜布赞斯基给我寄来了一封充满西方人奔放激情的信。信中他表示，对我所从事的这项研究课题及已取得的成绩十分欣赏，并再三鼓励我。后来，经摩尔根和杜布赞斯基的共同推荐，我的这篇论文在美国公开发表。许多年以后，李汝祺老师回首往事，仍对之赞叹不已：

"我在谈家桢身上并没有花很多精力，但他的工作竟做得那么出色！"

他又说：

"我怎么也没想到，他在一年半时间里竟搜集到那么多的材料，做了那么多的工作，又看了那么多的参考书，这是出乎我意料的。"

我和李汝祺老师，其实是一对性格上差异很大的师生，我性格外露，尤其是在青年时代；而李汝祺老师的个性则偏于内向，他平素不苟言笑，既不喜欢表现自己，也不善于表现自已。而我们这对师生却相处得十分融洽，我们的友谊保持了半个多世纪之久。

李汝祺老师的夫人江先群是一位活泼开朗、长于交际的女性。她出生在一个牧师家庭，青年时期留学美国，获生物学硕士学位。之后，她曾担任过那位赫赫有名、后来当了美国驻华大使的司徒雷登的秘书。燕南园的两幢式样别致的平房，就是李师母的美国朋友捐款建造并赠送给李汝祺夫妇的。

我在老师家里，除了向老师请教学问外，也喜欢同老师夫妇无拘无束地谈校园以外的世界。通常是，我向老师和师母讲述在京郊的青山绿水间的所见所闻，师母不断地插话，老师静静地坐在一边，喜滋滋地倾听着我俩的交谈，书房内不是一家，胜似一家。每次我去老师家，师母总要关照厨师添加一只我最爱吃的红烧蹄髈，让我美美地饱餐一顿！

谈家桢在庆祝李汝祺老师90寿辰大会上。左起周培源、李汝祺、谈家桢（1985年）

60多年后，李汝祺老师还对这些往事记忆犹新，他深有感触地说：

"师生关系永远是一个战壕里的战友之间的关系，师生之间应该同呼吸，共命运，这样才能志同道合，建立起终生难忘牢不可破的友谊。"

我认为，李汝祺老师一生为学治教堪称严谨。至今我还记得，李汝祺老师每次上课，必在课前半小时端坐在讲台前，等候他的学生们一一到来。李汝祺老师将之解释为"这是为了表示对自己老师的敬意和对学生的尊重"。李汝祺老师讲课条理性强，注重基础概念。这位学问广博的教师历来尊重年轻人，常常把自己研究学问的心得跟学生们一起讨论。为了把课讲好，在登上讲台之前，他至少要备三次课，不管要讲的内容已经讲过多少遍。通常，他的第一次备课是写讲稿，他不满足于过去已经用过的材料，总要参阅大量的书刊，再加上新的实验和新的见解；第二次备课是记讲稿和斟酌讲课的语言；第三次备课则是打腹稿，在临上课前一个小时进行。除此之外，下课后，他还要做小结，对自己的讲课进行反思，记下哪些是成功的，哪些是失败的，以便不断改进讲课质量。像李汝祺老师这样严谨自律的治学精神，阅遍中外古今的教育史，恐怕也是不多见的。

作为中国学界泰斗和教坛楷模的李汝祺老师，一生可谓虚怀若谷。他曾用简短的两个词儿来概括自己的做人准则，那就是"忠于人"和"勤于事"。对于学生，他则认为："从同学身上学到的东西比给予他们的要多得多。"这实在是肺腑之言，绝不带丝毫虚伪。

李汝祺老师的一生是追求科学真理的一生。在他的一生中，他曾多次受到不公正的待遇，但他从未对事业失去信心，而是以自己特有的方式表示反抗。50年代后期，李老师有感于党提出的"双百"方针，写下一篇遗传学争鸣的文章，受到毛泽东的高度重视。毛泽东亲自为李汝祺老师的文章加了编者按语，并将题目改为《科学的必由之路》。

李汝祺老师在科学事业上做出的成就受到国内外同行的一致认可，并享有"第一个将细胞遗传学引进介绍给中国的人"的美誉。

李汝祺老师的一生都没有脱离过教育岗位，他自认为这是他"一生中最幸运的一点"。周培源曾这样评价他：

"像李汝祺这样高龄一直活跃在讲台上的学者，在全世界恐怕也是不多见的。"

谈家桢在澳大利亚的悉尼大学讲学（1989年）

　　我在燕京大学读研究生期间所做的研究课题是由胡经甫提出的。

　　还在东吴大学求学时，我就听到过"南秉北胡"之说，即生物学界在南方由秉志主帅，北方则由胡经甫主帅。

　　胡经甫教授早年毕业于东吴大学生物系，1917年，他在大学四年级时就被提名为学生助教兼研究生，成为祈天锡教授的学生和得力助手，两年后，又以优异成绩取得硕士学位。1920年秋，在祈天锡教授的推荐和帮助下，业已通过清华大学公费留学考试的胡经甫取得了洛克菲勒基金资助，进入美国康乃尔大学深造，专攻昆虫学，并用20个月的时间修完全部博士课程，完成博士论文答辩，取得哲学博士学位。当他1922年回国任东南大学教授时，他年仅26岁。1923年，胡经甫回母校东吴大学任教，接替祈天锡任生物系主任，创办了"东吴大学生物材料处"。1925年，胡经甫受燕京大学邀请，北上任燕京大学生物系教授，长达23年。他在昆虫学等学科上的造诣，为生物学界所推崇。

　　胡经甫当时希望我以亚洲异色瓢虫为实验材料进行色斑

变异遗传规律的研究。后来我才知道，胡经甫教授确实对自然界里分布区域非常广泛的异色瓢虫(亚洲瓢虫)非常熟悉，而且，无论在异色瓢虫的形态分类，还是在其生物学特征方面，都有很深的研究。异色瓢虫是自然界一种色斑变异多态性的生物，是研究生物进化与群体遗传学的一种较理想的实验材料。在以后的一年半时间里，我天天都跟这种瓢虫打交道。

　　除了在京西山区的田野和森林里，我在燕京大学的校园里也捕捉、采集瓢虫。在喂养瓢虫的过程中，必须把瓢虫的幼虫一只只分开，以防止在没有蚜虫喂养时它们互相残杀。我就是在这段时间里培养起了一个科学工作者所必须具备的耐心和细致的精神。

　　1932年，我回母校东吴大学生物系任讲师，除继续埋头于瓢虫遗传色斑的研究外，还先后开课讲授了普通生物学、

谈家桢在加州理工学院的中国同学。前排左二为谈家桢，后排左七为钱学森（1935年）

遗传学、胚胎学、比较解剖学和优生学等。由胡经甫教授创建的"东吴大学生物材料处"对我所从事的瓢虫研究很感兴趣，他们希望我用多态性的异色瓢虫做成各种类型的教学示范标本。我按照要求进行设计和制作，标本中包括孟德尔3：1规律示意图和杂交、回交、色斑变异示意图。这些标本出人意料地大受欢迎，原因在于对复杂的理论讲述辅以实物图示，学生学习时就能一目了然。各地学校闻讯，纷纷前来购买。

1934年，我来到美国加州理工学院摩尔根实验室。作为实验室的一员，我必须在研究课题上与实验室的研究主流保持一致，于是，在研究材料上，我从原来取材的异色瓢虫改为黑腹果蝇。在当时，实验材料的选择已成为实验遗传学研究首先考虑的问题之一，材料的选择恰当与否，在一定程度上决定着实验的成败。我至今仍十分敬羡摩尔根在这方面的远见性，摩尔根选择比某些动植物更为优越的果蝇为实验材料，以此来进行生物遗传变异现象的研究。实践证明，果蝇是一种十分理想的遗传学实验材料。

具体来看，果蝇个体小，每一只果蝇只有1／4寸长，50余万只果蝇的重量只有一磅；果蝇易于在实验室里饲养，培养费用低廉；果蝇繁殖能力强，世代周期短（即同一时期出生的果蝇生存时间短），从出生到性成熟的成长，在25摄氏度下，大约只要10天，一年可传30代，在很短的时间内就可以看到许多后代的出现，可供考察和统计；果蝇细胞中所含的染色体少，幼虫的唾液腺染色体是间期核中的大型多线染色体，具有显著的横纹，使研究者便于研究染色体结构的细节，以利于发现其结构的演变。

在摩尔根和杜布赞斯基的指导下，在研究课题上，我首先致力于种内和种间果蝇的染色体遗传结构及相应的细胞遗传图研究。这是因为，染色体遗传图往往能反映染色体结构，也是证明基因在染色体直线排列学说的基础。染色体遗传图表明，每个物种的许多基因，形成与染色体数相等的连锁群，每群成一个直线系统，在直线系统上用基因之间的交换百分率来表示它们之间的相对距离，这就有力地证明了基因在染色体上的位置，并依一定的程序做直线排列。

　　在两年多时间里，我整天泡在图书馆和实验室里。其实，我是个生性活跃的人，喜好体育，尤其喜欢观看球类比赛，这个习惯，我一直保持到现在。但是，在"蝇室"期间，我把自己"约束"了两年多，也就是说，基本上不参加一般的社会活动，目的只有一个：争取在有限的时间里获得尽可能多的知识！

谈家桢在与美国复旦大学基金会会长范特博士等商议筹建摩尔根研究中心事宜（1986年）

摩尔根和杜布赞斯基

　　1934年8月，我登上"胡佛总统号"游船，取道日本，前往美国。

　　此次赴美，是美国加州理工学院摩尔根教授成全的。他表示接受我去他那里读博士学位，学费全免。经过半个多月的海上航行，我到达了美国西部濒临太平洋海岸的加利福尼亚州帕萨迪纳城。在美国西海岸海风的吹拂下，我缓步走下"胡佛总统号"舷梯，迎面向我走来的是日后成为我导师之一的杜布赞斯基。这位乌克兰血统的苏联科学家是专程赶来码头迎接我的。

　　杜布赞斯基早已为我安排好住宿，他还热情地向我介绍摩尔根实验室的情况，并代表摩尔根本人对我的到来表示欢迎。这一切，立刻使我有一种宾至如归的感觉。就这样，我在加州理工学院开始了一生中至关重要的留学生活。

　　杜布赞斯基1927年应邀到美国纽约哥伦比亚大学摩尔根实验室工作，第二年，随摩尔根同往加州理工学院创建生物系。1934年，我到美国时，杜布赞斯基已是美国颇负盛名的遗传学教授和摩尔根的主要助手之一了。

其实，当初我在燕京大学的硕士论文《异色瓢虫鞘翅色斑的变异》，在很大程度上是受杜氏发表在德国杂志上的同类文章的启示。

异色瓢虫，又称亚洲瓢虫，通常分布在苏联阿尔泰山山脉以东的广大地区及库页岛、中国、朝鲜和日本等国家和地区。杜氏所研究的瓢虫取材于苏联霍文茨克地区，而我则把北京西山地区的瓢虫作为自己的研究对象。1932年，由李汝祺老师推荐给摩尔根的那篇论文《异色瓢虫鞘翅色斑的遗传》可以说第一次使我和杜布赞斯基建立了联系，此后我们频繁地书信往来，更加深了我们的相互了解，亚洲瓢虫戏剧性地成了我们友谊的发端和载体。只是当我进入加州理工学院时，摩尔根实验室已成为"果蝇王国"，杜氏本人也已转向研究果蝇遗传问题，于是，初来乍到的我便也加入了这个"果蝇王国"。

我第一次见到摩尔根时，他已是闻名遐迩的诺贝尔生理学或医学奖获得者了。这位大胡子、高身材的美国学者，在自己的学生和同事面前显得十分谦虚和热忱，这很快感染了我，使我消除了顾虑，消除

谈家桢赴美留学前，在上海与父母、兄弟合影（1934年）

谈家桢与卢予道教授一起研究植物遗传课题
（1965年）

了初来乍到的腼腆、局促和不安，融入在以摩尔根为核心的那个严肃、紧张而又团结、友爱的群体之中。

摩尔根给我留下的印象是深刻和难忘的。

摩尔根是一位思维敏捷、不保守、判断力强和富有幽默感的老人，同时又是一位兴趣广泛、讲求实际的科学家。在他的整个科学生涯中，他的思想曾纵情驰骋在生物学的不同领域中，并处处留下了成功的足迹。他所做出的这一系列杰出贡献，应归功于他认真严肃的科学态度以及在探索科学的未知世界中所表现出来的穷根究底、小心求证的踏实作风。

从严格意义上来说，科学事业上的任何一个进步，任何一项成就，都是群体行为的结果。

摩尔根既是一位超群的科学家，又是一位杰出的组织者。他本人是著名的基因学说的创始人，染色体遗传学说经过他的科学论证而得到公认。摩尔根的睿智之处在于他的目光远大，当摩尔根实验室以它卓著的研究成果闻名于国际学术界时，摩尔根又将大量的精力用于培养下一代——遗传事业的继承者。摩尔根实验室有一套独特的培养人才的方法，在那个被世人称为"蝇室"的实验室群体中，摩尔根安排他的大弟子们具体指导学生，如此一代又一代，连绵不绝；在摩尔根实验室里，研究课题由学生自己确定，导师只在关键点上加以指导，研究的路线和需要参考的文献资料全由学生自己去探索和收集，学生的创造性思维得到了充分的发挥。这套教学方法被称为"教而不包"。"教而不包"和中国古人提倡的"师不必贤于弟子，弟子不必不如师"是不谋而合的，其实质就是提倡学生青出于蓝而胜于蓝，赶上和超过自己的老师。于是，在这样一个团结、友爱、互谅互让、互相尊重的研究群体中，许多卓越的科学家脱颖而出。摩尔根的三大弟子中，司多芬特（Stur-tevant，1891—1970）和布里奇（Bridges，1889—1938）与老师共享诺贝尔奖，穆勒（Muller，1890—1967）则以开创辐射遗传学的出色成就荣登诺贝尔奖的领奖台。著名的"伴性遗传现象""遗传学第三定律(即连锁交换法则)"就是摩尔根和他的第一代学生共同研究的结晶。

　　我常常说，我是学而有幸，得遇名师。当我进入摩尔根实验室之时，正值染色体遗传学的全盛时期，我决定开辟以果蝇为材料的进化遗传学领域。在68岁的摩尔根的关心和杜布赞

谈家桢在美国加州理工学院与导师杜布赞斯基院士合影（1935年）

斯基的直接指导下，我在远离故国的花卉草丛中，在奥地利神父孟德尔创建的遗传科学的崎岖小径间攀登、行进，寻求和探索生命的真谛。在那些日子里，我利用当时刚刚发现的果蝇巨大唾液腺染色体研究的最新成果，饶有兴致地分析果蝇在种内和种间的染色体结构和变异情况，探讨不同种的亲缘关系，从而深化了对进化机制的理解。

在此期间，我单独或与我的直接导师杜布赞斯基、司多芬特及在摩尔根实验室进修的法国、德国的遗传学家合作发表了10余篇很有影响的论文。1936年，我的博士论文《果蝇常染色体的细胞遗传图》通过答辩，被授予博士学位。这一年，我27岁。

《生物工程文库》编辑组在长沙。左起第二人为谈家桢（1984年）

　　三年的"蝇室"生涯，令我获取了一生科学事业中的重要养料。

　　在"蝇室"成员的心目中，摩尔根既是老师，又是朋友。摩尔根一贯主张团结周围的人，共同致力于研究工作。在"蝇室"中，人们以摩尔根为核心，不分彼此，互相尊重，互谅互让；在那里，看不到人际隔阂，看不到文人相轻，看不到师生界限。在工作中，在研究中，在讨论中，人人可以畅所欲言，独立发表自己的见解。有时，为了辩明一个观点，彼此争得面红耳赤，却又充分感受到在科学人格上的独立，以及教学相长、互为补充的快感。于是，在这样一个群体中，人们不太在意新见解、新观点的发现的荣誉归属问题。"蝇室"成员司多芬特教授曾这样评价成员间的融洽关系，他说："每当我们中间出现一个新的成果或一种新的思想时，我们就会展开小范围的自由讨论，人们发表意见时并不着重去指明这种新观点或新成果的归属。这自然不只是因为不可能提出谁先拥有这种观点，而是在我们这里，人们感到这种指明无关紧要……我这样认为，我们几乎在某种程度上达到了互谅互让的关系，这理所当然地推进了工作。可以这样说，摩尔根的成就离不开他的研究集体，而他的助手和学生也分享了他的荣誉。"

摩尔根站在科学发展的高度上，以前瞻的目光来构建未来的生物系。摩尔根认为，生物系应该具有现代思想、现代科学方法，应该把遗传、胚胎发育和进化问题有机地结合起来，在基础理论上解决系统发育和个体发展之间的关系及其从属的各种问题。在摩尔根的心目中，这正是生物学的根本问题。

摩尔根的这一指导思想决定了他的"蝇室"在人才吸纳上的不拘一格。

摩尔根的"蝇室"成员中，有被称为摩尔根三大弟子的诺贝尔奖共同获得者布里奇、司多芬特和诺贝尔奖获得者穆

谈家桢在美国加州理工学院摩尔根实验室，与导师摩尔根院士合影（1935年）

勒。除此之外，摩尔根还把荷兰著名植物学家文特(Went)的儿子小文特请到加州理工学院来研究植物的生长激素等问题。与此同时，摩尔根还请来了荷兰的植物生理学家东柯(Donk)和动物生理学家费斯曼(Wiersme)等。

尽管摩尔根以果蝇作为材料进行遗传研究取得了很大成果，但他不局限于此，进而又引进玉米材料，以论证遗传规律的普遍性。于是他又请来了玉米遗传学家爱默生(Emerson)的儿子小爱默生等。

在20世纪30年代，摩尔根实验室已成为世界遗传活动的中心。这自然令年轻的我得益多多。

先后来摩尔根实验室进行合作研究和交流访问的世界各国学者有：在1908年提出哈代—温伯格定律的英国数学家哈代(Hardy，1877～1947)，英国遗传学家、古典统计分析的创始人费希尔(Fisher，1890～1962)，美国最早、最杰出的农业病理学家琼斯(Jones，1864～1945)和美国遗传学家、群体遗传科学创始人之一莱特(Wright，1889～1988)。

科学具有共通性。一种科学理论的发现，通常能为众多的科学家所共享。我至今还难以忘怀的是我和德国遗传学家包厄的相识。我在摩尔根实验室向包厄请教了染色体的操作技术，并借助这一技术进行唾液腺染色体定位的基础性研究，并在此基础上绘制成常染色体基因连锁和细胞图，进而在1936年完成了我的博士论文。

麦克林托克女士与嵌镶遗传现象

在"蝇室"学习期间，有一件事令我印象至深：1934年，我在"蝇室"第一次见到了长期从事玉米遗传研究的美国遗传学家麦克林托克女士(McClintock，1902～1993)。

她见到我时，对我当年发表的论文《异色瓢虫鞘翅色斑的遗传》表示了浓厚的兴趣，并鼓励我对这一课题做进一步深入的研究。

1946年，我在美国冷泉港实验室再度遇见麦克林托克女士，当我把几年来自己研究发现的异色瓢虫的鞘翅色斑嵌镶性现象告知她时，她立刻表示这是一个重大的突破。

说到嵌镶遗传现象的发现，我总不能忘记1944年春天，贵州湄潭唐家祠堂的那个傍晚。

那是一个雨天的傍晚，窗外，春雨正淅淅沥沥地下个不停。就在那时，我在观察瓢虫杂交后代的时候，突然发现了一个奇妙的现象：

在瓢虫的鞘翅上，由黄色和黑色组成不同的斑点，在它们的第二代身上，父体和母体所显示的黑色的那部分都能显示出来，而黄色的那部分则被掩盖了。这实在是一个奇妙的发现，是我在以前的实验中从来没有发现过的，我不由变得十分兴奋。当我把这个观察结果告诉贝时璋时，他建议称这种现象为嵌镶显性现象。

当然，上述的发现仅仅是一个开始。在此基础上，我又继续进行广泛的杂交试验并探讨这种现象的机理。我终于摸清了嵌镶显性现象的规律，发现鞘翅色斑遗传至少由30个以上的复等位基因所控制，有一些变异类型实际上是嵌镶杂合体，它们不能稳定地传下去，便无例外地显示嵌镶显性作用，表现出一种特殊的嵌镶性现象。我又进一步发现，嵌镶性现象可以分为两种情形：一种是包括式，一种是重迁式。

在嵌镶显性的机理探讨上，我大胆地提出了这样一个假设：异色瓢虫鞘翅色斑的变化是黑色部分和非黑色部分的分布

谈家桢在美国冷泉港再次见到植物遗传学家麦克林托克（右二）和罗慈院士（1946年）

谈家桢在纽约拜会了哥伦比亚大学生物系主任、动物遗传学家邓恩院士（1945年）

范围与布局的更动，而这又与鞘翅的黑化过程(羽化后开始，约经6个小时)中，鞘翅内部体液中的酶系有关。嵌镶显性就是控制形成黑色素酶的基因起着支配作用。发育的结果，鞘翅的黑色部分成为非黑色部分的显性。我感到，对异色瓢虫色斑的嵌镶现象从发育、生化遗传学角度做进一步深入的研究，对于揭示真核生物基因的表达过程和发育过程中基因与环境条件的关系，无疑具有十分重要的价值，而异色瓢虫也是一种很合适的材料。

1946年，我应美国哥伦比亚大学的邀请，担任该校的客座教授。我一面讲课，一面把从1944年以来关于嵌镶显性现象的研究材料加以整理，并写成论文《异色瓢虫色斑遗传中的嵌镶显性》，同年发表在美国遗传学杂志上。

80年代我访美时，又一次访问了麦克林托克女士。她十分高兴地谈到我在嵌镶显性方面进行的研究工作，还谦虚地谈到，最初她在玉米色素斑点研究上提出的"控制因子"说，是受到了我的论文的启发。这位平易近人的杰出女科学家于1983年获得诺贝尔奖。

谈家桢（左）在上海举办的国际三致讲习班上致开幕词（1983年）

　　在我的一生中，我始终与包括我的老师摩尔根、杜布赞斯基等美国科学家在内的、众多的外国友人保持着深厚的友谊。可以这样说，这种友谊也始终是我在人生和事业的道路上勇往直前的巨大动力。

　　我从1934年至1936年，一直在美国加州理工学院摩尔根实验室攻读博士学位，在这段时间里，我结识了许多我终生引以为自豪的师友。在这些人中间，除了摩尔根和杜布赞斯基外，还有被称为摩尔根三大弟子的诺贝尔奖共同获得者布里奇、司多芬特和诺贝尔奖获得者穆勒，以及从世界各地来到摩尔根实验室的科学家。他们是：荷兰的植物学家小文特、植物生理学家东柯和动物生理学家费斯曼，玉米遗传学家爱默生的儿子小爱默生，在1908年提出哈代—温伯格定律的英国数学家哈代，英国遗传学家、古典统计分析的创始人费希尔，美国最早、最杰出的农业病理学家琼斯和美国遗传学家、群体遗传科学的创始人之一莱特，诺贝尔奖获得者、"跳跃基因"的发现者、长期从事玉米遗传研究的美国遗传学家麦克林托克女士和德国遗传学家包厄等。至本世纪30年代，摩尔根实验室已成为世界遗传活动的中心。摩尔根本人"不拘一格"的人才观，更使实验室成为一个"桃李不言、下自成蹊"的所在。一时间，少长咸集，群贤毕至。我身在其中，自是得益多多。

摩尔根和杜布赞斯基有意让我继续留在美国从事遗传学的研究。望着朝夕相处的师长和同窗，环顾两年来得心应手的研究环境，我明白，留在美国，意味着个人声望和地位的巨大改观，意味着未来的一帆风顺，意味着许多，许多。但是，科学救国是我不容动摇的信念，我去意已决。

杜布赞斯基提出了一个折中方案，让我跟他一起工作。他希望，时间能改变我的想法，冲淡我的去意。他认为，如果我跟随他继续果蝇的种群遗传学研究，就能把我留下来。

1937年，我在获得博士学位后，继续留在摩尔根实验室担任研究助理。在这一年里，我这个天性乐于开展社交活动的年轻人变得活跃起来。很快，一个由我发起组织的"美国—中国友好会"成立了，我被推选为会长。

"美国—中国友好会"的成员来自各方面，他们中间有传教士、学者和工程师等。虽然各自的职业不同，但是有一点

"美国—中国友好会"的朋友欢送会长谈家桢（前左六）回国（1937年）

是共同的，那就是对中国古代文化的强烈兴趣。当时已经盛名远扬的航空学家冯·卡门(1881～1963)和他的妹妹也是我们"美国—中国友好会"的热心成员，我跟他们建立了十分深厚的友情。冯·卡门出生于匈牙利布达佩斯，1902年毕业于布达佩斯皇家工业大学，后来又赴德国格丁根大学师从流体力学开拓者L.普朗特教授，获得博士学位。1930年，冯·卡门应邀赴美国加州理工学院，负责该学院的古根海姆航空实验室，两年后，创建了美国航空科学院。我对这位航空学家始终怀有深深的敬意。

虽然我们这个组织的成员都是忙人，但我们还是经常组织聚会，大家都热烈踊跃地参加，场面十分感人。由于会员中有不少人曾经在中国工作过，所以许多话题都涉及中国的社会问题和古代文化。作为活动的组织者，我尽己所能，把气氛搞得轻松活泼。这些活动实际上起到了中西文化交流的作用。在那些每会必到的积极参与者中，人们总能看到冯·卡门的妹妹。她热情大方的举止、坦诚友好的态度，赢得了许多来宾的好感。冯·卡门和他的妹妹十分好客，他们曾多次邀约我到中国城的一家中国饭馆吃饭。我们很快成了推心置腹的好朋友，友谊与日俱增。我至今常常忆起，冯·卡门讲的是一口匈牙利英语，常常因词不达意而引得大家哈哈大笑，他自己也爽朗地随着大家放声同笑。这位和蔼可亲、为人随和的学者为航空事业培养出许多优秀的学生，我国著名科学家钱学森就是他的及门弟子。冯·卡门曾担任中国空军顾问及杭州笕桥机场顾问，对中国航空事业的发展也做出过很大的贡献。1948年，当我再次访问美国时，我在纽约又一次见到了他。

在继续担任研究助理的这一年时间里，我博览群书，涉足遗传学各个领域，广泛进行学术交流。而后，我向曾对自己在果蝇种群遗传学研究领域寄予很大期望的杜布赞斯基说了这样一段话：

"我不能一味地钻在果蝇遗传学研究领域里。中国的遗传学底子薄，人才奇缺。要发展中国遗传学，迫切需要培养各个专业的人才。因此，我在这宝贵的一年时间里，尽可能多地接触各个领域，多获得各方面的知识。我，是属于中国的。"

也就在这一年，我做出了自己一生中最重要的选择：放弃留在海外的机会，回国。

1937年，在我回国前夕，"美国—中国友好会"的全体会员为我举行欢送活动并集体合影留念。

谈家桢（中）访问中国林科院亚热带林业研究所（1981年）

　　我自1937年7月学成归国后，接受浙江大学（以下简称"浙大"）校长竺可桢函聘，任该校生物系教授，月薪300元，时年我28岁。

　　1937年的7月，正值初夏时分。刚从美国返归的我会见了竺可桢校长。

　　热情诚恳、一派长者风度的竺校长为我介绍了当时浙大理学院生物系的阵容。当时，理学院院长由胡刚复教授担任，生物系内的知名教授有贝时璋、蔡堡、罗宗洛、张肇骞、张孟闻、仲崇信、王曰玮、吴长春等，系主任为贝时璋。竺校长满心希望浙大的生物系能发展成为中国遗传学教学、科研和人才培养的基地。

　　我也充满信心，希望在浙大，在这所中国人自己创建的高等学校，为振兴中国的遗传学事业大干一番。

　　我到浙大任教不久，上海爆发"八·一三"事变，继之，抗日战争拉开序幕。战火很快燃烧到杭州。在日机狂轰滥炸下坚持教学达3个月之久的浙大，于1937年11月，在日军距杭州仅100公里的全公亭登陆之时，举校迁移。这就是在中国近代教育史上留下了光辉而悲壮的一页的浙大西迁。

浙大西迁，历经浙西建德，江西吉安、泰和，广西宜山，最后迁至贵州遵义、湄潭和永兴。那时上有敌机轰炸，下有日军追截，浙大师生辗转跋涉5000余里，自1937年11月至1940年初，历时两年多才安定下来。这次浙大西迁称得上是中国近代教育史上一次胜利的长征了。

1940年秋，理学院和农学院迁往距遵义75公里的湄潭县城，生物系的实验室则落脚在一座破陋不堪的唐家祠堂内。

我在后来写的一篇文章中回忆说：

"耄耋之年，回首往事，似有模糊之感，唯独浙大西迁遵义湄潭的6年经历，仍记忆犹新。我深深地怀念遵义湄潭的一山一水，她曾经哺育过我们这一代学人，也在异常艰辛的条件下，为新中国造就了一批栋梁之材。

"可以这样说，我一生在科学研究上的一些重要代表性论文，就是在湄潭写成的；我引以为自豪的是，在日后的科学和教学中成绩斐然、独树一帜的第一代学生，也是在湄潭培养

浙大生物系教师与毕业生在遵义。前排左四：谈家桢；左八：贝时璋（1939年）

的。我们吃了湄潭米、喝了湄潭水,是勤劳淳朴的湄潭人哺育了我们。湄潭人的深情厚谊,我终生难忘。"

谈家桢与夫人一起重访广西宜山白崖乡旧居(1987年)

　　出湄潭县城西门，有一湄江，江水清澈，江上有桥，桥头水边，其南有一四合院，人称魏家院子。又西南一里地，也有一四合院，便是唐家祠堂了。1940年起，这里就是西迁后的浙大生物系的所在地。院内朝南一排房子，分别辟作贝时璋、罗宗洛、张肇骞和张孟闻的实验室，偏房两间，我取其一做养瓢虫、果蝇的房间，另一间则为学生的实验室；以后规模随需要扩大，我又用申请到的洛氏基金搭建了一间房子，做实验用房。

　　那时的湄潭没有电灯，大家都用油盏燃着灯草照明。工资因抗战关系而打折扣，物价又不断上涨，生活之清苦可想而知。然而师生们以校为家，敬业互爱，尊师重教，心情十分舒畅。我一生学术上有些重要的成就，就是在湄潭唐家祠堂那所土房子里完成的。动荡不定的生活，给师生们的教学和研究工作带来了超乎想象的困难，但我和学生们目标坚定。白天我们一起进行果蝇和瓢虫的野外采集和实验研究，晚上在煤油灯下对着显微镜进行观察，一步一个脚印，艰苦跋涉，乐在其中。

　　1942年，湄潭的浙大生物系成立研究所，该所为浙大研

贵州唐家祠堂前的浙大师生。二排左六：谈家桢（1941年）

究院理科研究所生物学部，后改称生物学研究所。该研究所除招收国内研究生外，还招收印度研究生，我的第二代弟子中，就有一位印度学生甘尚树。

　　1944年，我在这座破祠里取得研究上的突破，发现了瓢虫色斑变异的嵌镶现象。这是我在遗传学研究上的一个重大突破，很快引起了国际遗传学界的重视。

　　同年，英国科学史学家、剑桥生物化学教授、英国皇家学会会员、英国驻华文化科学协作代表团团长、英国科学家李约瑟博士两次来浙大遵义总部和湄潭参观，重点参观和考察了湄潭理学院，当他看到生物系师生在唐家祠堂这所土房子里获得的研究成就时，动容地说："浙大可与英国的著名大学相比，是东方的剑桥啊！"

　　李约瑟回国后，把他在中国多年的活动记录编成《科学前哨》一书。他在书中这样描写浙大和湄潭：

　　"浙大虽有几辆卡车和一辆小汽车维持交通，但已经是破得无法修理，也无新车补充。年高德劭的学者和教授们，往来遵义、湄潭之间，须得攀上满载的军用卡车，途经人烟稀少的郊野，有时竟需两天之久。"

他又写道：

"在湄潭，研究工作是活跃的。生物系正在进行腔肠动物生殖作用的诱导现象和昆虫内分泌系统的研究。这里关于甲虫类瓢虫所做的色斑因素的遗传方面的工作，在美国已引起很大的反响……"

谈家桢（右一）前往火车站为李约瑟博士夫妇送行（20世纪50年代）

母爱

在我的一生中，母亲留给我的印象是极为深刻的。我的父亲是一个向来不苟言笑的人，在我们的眼里，他显得十分威严，对于他，我们甚至有一种惧怕的感觉。

我的母亲是一位典型的旧式贤妻良母，勤劳，善良，生活节俭。母亲一生怀过十二胎，其中六胎出生不久就夭折了，留下了六个孩子，三男三女，我在家中排行第三，在男孩中则是老二。母亲长期生活在夫权的阴影下，逆来顺受，她常常背着人暗自垂泪，但她把人生的希望寄托在子女身上。

在我的心中，母爱是伟大的。

其实，我的这一生中，在家的时间是不长的。我12岁进宁波斐迪中学，以后，又先后去了湖州、苏州、北京，一直到赴美留学。严格地算来，真正跟家人团聚的时间就只有几个假期了。记得我和哥哥在宁波斐迪中学上学时，父亲的月收入为100至200大洋，在当时县城中虽然不属殷富，也居中等水平，但母亲生活节俭，平日素菜淡饭，家里很少吃猪肉。我们浙东人吃菜口味重，母亲把各种蔬菜都用盐腌制成咸货，只需几筷这些"下饭菜"就能吃下一顿饭，家里的菜金就这样省了下来。当时，我和哥哥每逢周末要步行十多里路回家。回到家里，发现弟妹们对我们回来十分高兴，几乎有点翘首以盼的味道。原来，这一天，母亲会特地买回一点肉和蛋，做一个肉饼炖蛋，来慰劳我们这两个学子。当然，这碗洋溢着母爱的佳肴的第一筷，一定是我们给母亲夹上，而后，我们兄弟姐妹们和母亲一起分享这顿充满天伦之乐的晚餐。

至1937年11月，日军在距杭州100公里处的全公亭登陆，浙大决定迁校。现在想来，当时在是否随学校一起西迁的问题上，我是经过一番思想斗争的。我并不是怕吃苦而不想随学校一起走，而是放心不下年迈的母亲。当初从美国回来时，曾经设想把母亲和妻儿一起接到杭州，尽一尽为人子的孝心，让母亲安度晚年。母亲的一辈子过得实在太苦了！谁知，这一切又因战火的蔓延而作罢！

幸好，当时欧战尚未爆发，上海相对来说比较安全，母校东吴大学也因战事而决定迁入上海租界。我曾经考虑回母校随迁上海，并把母亲和家人一起接到上海，共享天伦之乐。但我又割舍不下我在浙大刚刚起步的事业。

后来，我还是挥泪别母，随学校西迁了。天不从人愿，忠孝难两全哪。

就在这段时间里，竺可桢校长再一次以他的人格力量感动了我：原来，1938年3月中旬，浙大再度南上迁到

谈家桢的母亲杨梅英

泰和县，地处穷乡僻壤的上田村。到泰和后的生活十分艰苦，医疗条件更是极差，药品奇缺。正当我们的竺校长风尘仆仆地奔波在湘桂路上，为勘定校址废寝忘食之际，噩耗传来，其夫人张侠魂女士和次子因食用不洁江水患痢疾，而竺校长又因校事羁身疏于照料，最后母子竟不幸病故。竺校长则忍痛节哀，为全校千余名师生和他们的家属，坚持工作着！

这一年夏天，我返回宁波老家，想把母亲和家眷接到学校驻地，以期同甘共苦，渡过国难。不料老母年老体弱，又眷恋故乡，多次劝说无效，只能再度挥泪作别。

1942年，正值中秋节，母亲不幸病故了。消息传来，我悲恸欲绝，由于战争，我无法回宁波奔丧，更陷入深深的内疚中。

母亲含辛茹苦，把我们六个孩子抚养成人。她把自己一生的精力和无私的爱都奉献给了我们这个家，而自己却因操劳过度，不到60岁就过早地离开了人间，把她的爱永远地留给了我们。

谈家桢出席在海南召开的全国遗传学会常务理事会（1986年）

　　很长一段时间以来，人们总习惯把我的第一代学生称为"四大金刚"。这"四大金刚"就是盛祖嘉、施履吉、徐道觉和刘祖洞。

　　其实，在浙大西迁湄潭期间，前前后后，共有6位研究生在我的实验室里进行研究。第一位是从1940年起就跟随我，并作为我的研究助理的盛祖嘉。1941年，盛祖嘉升为助教，那时，他一面在我身边搞研究，一面在永兴的农学院兼课。盛祖嘉之后，第二位是施履吉，施履吉原是浙大农学院的毕业生，后来他告诉我，他在学生时代就知道我和我的研究工作，因此，毕业时就主动要求做我的助手。施履吉是一个学习十分刻苦，而且具有创新精神的学生。创新精神是从事科学研究最必须具备的精神。不巧的是，当时助教的名额已经没有了，施履吉的工资就成了问题。幸好盛祖嘉升为助教，他原来的一份由洛氏基金项目下开出的工资就转给了施履吉。至于徐道觉，他原来跟施履吉同一个班，毕业后去了广西农学院，担任李景钧先生的助手，后来又转而要求来我的实验室工作。他那时已申请到洛氏基金会研究基金，而这笔基金足够支付他日常的研

谈家桢（左）与徐道觉在美国得克萨斯州医学中心（1978年）

究与生活费用。刘祖洞则是广西农学院1942年级桑蚕系的毕业生，经徐道觉的介绍，做了我的研究生，后来一直在我的实验室工作。

假如把盛祖嘉、施履吉、徐道觉和刘祖洞这四位看作是我培养的第一代学生的话，那么，第二代学生就有陈瑞裳以及印度的甘尚树。

抗战时，印度政府与重庆政府有文化交流协定，按照这份协定，印度政府要派遣两名留学生到浙大。当时，一位留学生跟随数学系的陈建功教授，另一位留学生就是甘尚树，他作为我的学生学习遗传学。甘尚树在我的指导下从事植物细胞遗传研究，两年以后回国。陈瑞裳是当时我的学生中唯一的女同学，她的叔叔也在浙大的历史系任教。

可以说，我们在湄潭唐家祠堂的研究室也承袭了摩尔

根"教而不包"的教学风格，气氛十分活跃，常常是师兄手把
手地教师弟。譬如，当时的细胞学技术就由施履吉和刘祖洞
教。那时，在实验过程中发生过这样一件事，现在想来还十分
有意思。原来，为了做果蝇细胞遗传学实验，需要去野外采集
果蝇。随着冬天的到来，如何让采集来的果蝇过冬的问题难住
了大家，而这样的难题在地处加利福尼亚州的摩尔根实验室是
碰不到的。最后，我们终于想出一个办法来，先挖地窖，让果
蝇"迁居"其内，再在上面铺上灰泥，通过人工控制温度和湿
度，帮助果蝇过冬。尽管如此，一个冬天下来，果蝇仍死了不
少。在那段时间里，我们花了许多时间进行果蝇养殖、分类和
细胞研究工作。另外，为了进行瓢虫色斑遗传研究，我们还到

谈家桢在浙大与部分教员合影（1948年10月）

谈家桢重访贵州湄潭唐家祠堂原浙大生物系实验室遗址（1987年）

野外采集瓢虫。瓢虫以蚜虫为食，于是，我们又花了很大的力气去捉蚜虫来喂养瓢虫。当天气渐渐变冷时，同样的问题出现了：蚜虫找不到了！这样一来，瓢虫的生存也成了问题。我们只好又花很大的力气进行瓢虫的人工饲料配制工作。

到了1944年，我们的实验室又增加了张本华、雷宏根、顾国彦和项维等学生。其中，项维是浙大农学院的毕业生，后来跟随美国陈纳德将军去当了翻译官，当时他也参加了我们细胞遗传学研究的行列。

在湄潭期间，我同时还在农学院任教，在农学院所属的农艺系、园艺系、桑蚕系、病虫害系开设了遗传学和细胞学。当时，我授课除用自编讲义外，主要用Sinnot和Dunn合著的英文版《遗传学原理》以及Sherp著的《细胞学》。后来，我又为生物系和农学院各系的学生开设了一门"实验进化论"课程。其中，有不少农学院的学生如季道藩、汪丽泉、唐觉、葛起新、沈德绪等，毕业后又加入到我们实验室的行列中来。

当年，在抗日战争的烽火中，我和我的学生们就是这样一步一步地在艰难跋涉中走出了一条自力更生、向科学挺进的路来。

谈家桢（右一）与刘祖洞（左一）湄潭重游（1987年）

　　1945年至1946年间，我应哥伦比亚大学邀请，赴美任客座教授。

　　1945年，我在纽约与导师杜布赞斯基相遇。其时，杜布赞斯基鉴于李森科主义在苏联遗传学界的泛滥并必将危及乃至扼杀遗传学在苏联的发展，决定长期留居美国从事科学研究。这位博学多才的科学家从事遗传学和现代进化论的研究近50年，发表论著10余部，论文600篇，成为20世纪著述最丰、影响最大的科学家之一。

　　这次师生重逢，自令双方都欣喜不已。我向杜布赞斯基郑重推荐了自己的四位得意门生，也就是被称为"四大金刚"的盛祖嘉、施履吉、徐道觉和刘祖洞。我当时表示，希望四位学生能像自己当年那样，在杜布赞斯基的帮助下去美国深造，日后成为遗传学各个分支领域中的佼佼者。

　　多年来，我在自己的学生们身上倾注了大量的心血，从学业上的尽心相授，到经济上的解囊相助，可以说是竭尽己力。我热切期望学生们能成为中国遗传学事业的中流砥柱，为中国科学事业的发展做出贡献。在我的第一代学生中，盛祖嘉、施履吉、徐道觉、刘祖洞这四位正是具备了我所期许的科研能力和敬业精神。

当年，我未能留在美国跟杜布赞斯基一起从事果蝇群体遗传学研究，杜氏一直感到遗憾，此次，他满心希望我的学生当他的助手，重续前事。这虽是一厢情愿，也属情理之中。而当时的现实情况是，微生物遗传学和人体遗传学已是遗传学发展的方向，对国内而言，这两个领域都是空白。

在我和杜布赞斯基之间，这是一次心理上的冲突。从感情上讲，我完全同意杜氏的设想；从理智上讲，从发展中国遗传科学事业的角度上讲，我觉得应该根据四位学生自身的特长，帮助他们在专业问题上从善而择。最后，我选择了后者，

谈家桢在美国密苏里大学拜访植物遗传学家司丹特拉院士（1945年）

支持盛祖嘉改学微生物遗传学，施履吉专攻细胞技术研究，徐道觉转事肿瘤遗传学，刘祖洞选学人类遗传学。

我的决定，自然引起杜布赞斯基的不快。直至1948年我再度访美时，杜氏对此事仍不释怀。从我而言，自是唯能感叹"国家事、师生谊，古来难两全"了。

谈家桢带领的遗传学研究所科研骨干团队。前排左起：刘祖洞、盛祖嘉、谈家桢、施履吉（1978年）

李森科和"八月会议"

　　1948年，我作为中国遗传学界的唯一代表，出席在瑞典斯德哥尔摩召开的第八届国际遗传学会议。在那次会议上，我宣读了论文《异色瓢虫色斑的季节性变异》，并被推选为国际遗传学会常务理事。

　　然而，令我震惊的是，我听到了一个对整个遗传科学事业发展极为不利的消息。那次会议的组织者是诺贝尔奖得主、国际遗传学会会长穆勒教授。穆勒教授在开幕词中告知与会者，在刚刚结束的全苏(苏联)列宁农业科学院大会的决议中，已经宣布孟德尔—摩尔根学说是"烦琐哲学""反动的唯心主义""伪科学"和"不可知论"，并声称，遗传学家信奉"米丘林主义"还是"孟德尔—摩尔根主义"，从本质上看，是"社会主义与资本主义两种世界观在生物学中的反映，是两种意识形态的斗争"。为此，苏联关闭了细胞遗传学等有关的实验室，开除并逮捕了许多不愿在压力面前放弃自己的信仰和对真理追求的科学家，销毁了有关的教科书和文献资料，甚而"消灭"了果蝇。苏联还拒绝派代表出席这次国际遗传学会议，以"抵制这样一次国际性的摩尔根主义者的集会"。

谈家桢出席在瑞典斯德哥尔摩召开的第八届国际遗传学大会（1948年）

　　会议期间，我又获悉第七届国际遗传学会议组织委员会副主席、全苏农业科学院奠基人、科学院遗传研究所和全苏植物育种研究所所长、苏联著名科学家瓦维洛夫教授，因抵制李森科的理论和他的学阀作风，竟遭逮捕并被迫害致死!

　　悲痛和惋惜之余，我忧心忡忡。

　　早在1946年，我在美讲学期间，就"拜读"了李森科（1899—1976）写的那本小册子《遗传与变异》。于是，我第一次接触到"米丘林生物学"这个名词。透过字面，我看出李森科把风马牛不相及的"米丘林生物学"和"辩证唯物主义"硬凑在一起，其实无非是在标榜自己，把自己打扮成一副"列宁主义、辩证唯物主义"的"教师爷"的模样。我很自然地联想到了那些旧中国"舞台"上的江湖术士。当然，令我更为迷惑不解的是，政治何以能代替科学、干预科学？我不敢想象下去，这实在是一件可怕的事情。

科学上的不同观点、不同流派的分歧和争论是正常的，甚而是必要的。因为，人们对世界上的任何事物的认识，只有经过反复的争论，以及实践的反复检验，才能不断得以深化，才能不断地接近真知。所谓"真理愈辩愈明"，便是这个道理。

可悲的是，在当时的苏联，事情并非如此。

李森科出生在乌克兰一个农民家庭，1925年毕业于基辅农学院。1928年，李森科在一个偶然的机会里发现自己的父亲把越冬小麦放到春天去植种，意外地获得了好收成。李森科便"深受启发"，提出了"春化作用"的概念，竟由此一举成名！

"民以食为天""国以农为本"。众所周知，农业问题在苏联历来是一个十分重要、十分敏感的大问题。1927至1928年，苏联乌克兰地区因霜冻而导致冬季作物大幅减产，其时正令苏联政要人物大伤脑筋。李森科的"春化作用"概念，不啻是给解决农业问题带来了希望，带来了福音，李森科在他们的眼里，自是成了"回春有术"的救星。于是，在苏联农业部和乌克兰农业部的支持下，成立了春化作用研究室，李森科则受命主持其事。

在苏联这样一个特定的社会，真正搞"伪科学"的，势必要走上政治投机的道路，势必会打着政治旗号去大肆打击、挞伐、迫害学术上的异己力量。李森科就是这样一个特殊环境中造就的特殊人物。

当时的情况是，李森科在提出"春化作用"概念的基础上，进而在1931年至1934年提出了"植物阶段发育理论"。这个理论一出台，就博得了来自科学院一些名教授的喝彩声，李森科自是益发趾高气扬。偏偏此时，集体农庄的农民应用李森科的理论，导致小麦产量大幅减产。于是，正直的科学家讲话了。长期从事这一课题研究的马克西莫夫，把科学的事实摆在人们的面前，他希望通过争论，把认识引到正确的轨道上来。

马克西莫夫过于天真了。他忘了其时正是20世纪30年代的苏联，清算"人民的敌人"的狂想正把社会引向一个大规模镇压的状态中，科学争论和政治斗争的界限早已含混不清。而李森科又是一个那么善于把科学问题与阶级斗争挂上钩的高手。

1935年，在全苏第二次集体农庄突击人员代表大会上，李森科粉墨登场了。他慷慨激昂，手中似乎攥着一根人们肉眼隐约可见的神奇"魔棍"。他踌躇满志，飞扬跋扈，得意扬扬地嘲弄着循序渐进的科学本身，他要把那些在学术上与他为敌的对手碾成粉末！他用"魔棍"在空中画了一个圈，于是，一个大网编织起来了：

"我们年轻的社会主义农业科学正在超过，甚至在有些部门已经超过资产阶级科学。我们的科学，其任务和研究内容不同于资产阶级科学。旧科学的任务是帮助资产阶级、富农和一切剥削者，而我们科学的任务则是为集体农庄的建设服务。资产阶级科学的基本内容是观察和描述现象，而我们的科学则是改造动植物世界。"

这样一段在今天看来荒谬绝顶的胡言乱语，在当时，在那个调头越左便越"革命"、越"科学"的年代和环境里，却被看作是天经地义的，甚至没有人敢站起来反驳。

1939年，李森科当选为苏联科学院院士。

瓦维洛夫不服，上书苏联政府和最高人民委员会，陈述自己的一贯立场及对这场争论的态度，并揭露李森科利用职权，排斥异己，罗织莫须有罪名，施行打击报复的事实。然而，大势已定。苏联农业人民委员会委员贝耐笛科在科学院的一次讲话中对此事所下的结论是：

"我们正式谴责孟德尔主义和形式遗传学造成的不良倾向，同时坚持不给予这种谎言以任何支持。"

坚持真理的科学家实际上从政治上被宣判了死刑。

1941年，苏联最高法院军事委员会宣判瓦维洛夫死刑。

1943年1月26日，这位世界知名的科学家死于萨托夫监狱，终年57岁。

谈家桢出席在荷兰举办的国际大学代表会议。第二排左一为谈家桢（1948年）

这位为科学真理而献身的科学家在离世前写下了不朽的诗句：

我们将走向焚尸场，

我们将被焚化，

但我们

决不放弃我们的信念。

瓦维洛夫的遇难是人类文明史上的一个耻辱。国际遗传学界人士为之震惊。

利令智昏的李森科决意把事态继续扩大。

1948年8月，大权在握的李森科一不做，二不休，他精心策划、组织了全苏列宁农业科学院会议，即臭名昭著的"八月会议"。

这是一次大肆挞伐摩尔根遗传学派的会议。李森科为了铲除异己，发明创造了"政治科学家"一词。他自己恰恰是一个货真价实的"政治科学家"，一个专搞政治陷害的伪科学家。以政治权柄蛮横干预进而操纵学术，在人类科学发展史上，从伽利略、哥白尼案以来，已是不乏前例，至李森科，可谓20世纪之登峰造极。

李森科在会议召开伊始，以全苏列宁农业科学院院长身份做了报告——《论生物科学现状的报告》。

在李森科的这个报告中，摩尔根遗传学被宣判为由外国输入的、敌视苏维埃政权的反动生物学，是"烦琐哲学""反动的唯心主义""伪科学"和"不可知论"。

这次会议以后，在苏联，李森科学派"取得了全面胜利"，摩尔根学派由一开始的被排斥，到完全受到废黜，甚而销声匿迹。

科学总是科学，与科学背道而驰的结果是，苏联的遗传科学、农业科学和医学科学等科学的大倒退，引发苏联的农业和整个国民经济的重大损失。

谈家桢在印度加尔各答讲学期间，与学生们在一起（1945年）

我还是要回到自己的祖国去！

　　李森科之流的倒行逆施，臭名远扬的"八月会议"，这令人为之作呕的一切，在我的心中投下了巨大的阴影。

　　在瑞典举行的那次遗传学会议期间，我和穆勒相遇，很自然地谈到了李森科和苏联的话题。

　　穆勒从青年时代起就是一个思想激进的社会主义者。1923年，应瓦维洛夫之邀，穆勒赴苏联从事研究。李森科对摩尔根学派进行疯狂镇压的行径，引起穆勒的强烈不满，并被迫离开苏联。1938年至1940年间，穆勒在英国爱丁堡大学从事教学和研究，1940年返回美国。

　　我开门见山地问穆勒：

　　"你一直是共产主义的同情者，何以不相信李森科的那一套呢？"

　　穆勒略作思考后，神情严肃地回答：

　　"我在政治上相信共产主义，但政治毕竟不能代替学术。在遗传学理论上，我有我的思想，我不同意他们那一套理论，更不欣赏李森科的做法。"

　　这位正直的科学家、诺贝尔奖获得者，就在苏联的"八月会议"后，即宣布辞去苏联科学院国外院士的职务，作为对李森科之流倒行逆施的抗议。

第八届国际遗传学会议以后，我应邀前往美国纽约做学术性访问。

其时，在中国国内，淮海战役已经打响，人民解放军渡过长江，解放全中国近在眼前，中国共产党取代国民党政权已成定局。对于每一个中国知识分子来说，都面临着何去何从这样一个不容回避的严肃问题。

美国科学界的许多老朋友都为我回国后的处境表示担忧。

苏联正把摩尔根学派往死里整，你是摩尔根的弟子，你回到同样是共产党执政的中国去，共产党会给你什么好果子吃？

你既然人已在美国，就干脆定居下来吧！在这里，有你熟悉的师友，还有你的学生，更有优厚的生活条件和一流的实验室设备，你就安安心心地在美国搞你的瓢虫和果蝇实验，搞你的遗传学研究吧！

其时，日本广岛刚遭美国原子弹轰炸不久，有人建议美国科学家尼尔(Neal)邀我同赴日本，让我帮他共同研究广岛原子弹射线的遗传效应。

归去还是留下？我面临着现实的抉择。

"你是摩尔根的弟子，回去后会有什么好果子吃？"

这声音，如同鼓槌，时时敲打着我的心。

我把自己立志献身科学所走过来的这一段路从头至尾地想了一遍，我尤其想到了和浙大师生、和敬爱的竺校长及许许多多可敬的同仁在抗日战争岁月走过来的那段艰苦创业、同甘共苦的里程，想到了自己对振兴中华科学所抱的理想……

于是，一个信念在我的心中升起——

"不管如何，中国是我的祖国。我还是要回到自己的祖国去，我一定要回到中国去！"

　　1948年底，我满怀信心地回到了自己的祖国。

谈家桢全家合影。前排左起：长子谈沅、次子谈洪；后排左起：大女儿谈曼琪、谈家桢、妻子傅曼芸（1947年）

我回国后，仍在浙大执教。1950年，我接替贝时璋，任浙大理学院院长。

1950年初，苏联科学院遗传学研究所副所长Ｈ·Ｎ.努日金来华。努日金原在苏联科学院遗传研究所原所长瓦维洛夫教授指导下，进行果蝇遗传研究，是一个十分典型的摩尔根学派成员。1941年，瓦维洛夫因坚持真理被迫害致死后，努日金投靠李森科，并摇身一变，成为"李森科理论"的积极宣传者和推行者。在李森科的扶持下，努日金得以出任遗传研究所副所长。

努日金来华后，不遗余力地鼓吹所谓"米丘林—李森科"学说，前后共做了76次演讲，开了28次座谈会，参加者达10万人。

努日金到达上海后，指名要与我讨论"新旧遗传学理论"。我奉命专程从杭州赶往上海，跟这位对之早就知根知底的李森科的得力干将进行所谓的"友好"谈话。

谈话一开始，努日金就避开了遗传学的具体问题，肆无忌惮地嘲弄起染色体、核酸和细胞遗传质来，谈及摩尔根遗传学时，他一口一声"反动遗传学"，一副面不改色心不跳的样子。起初，我静静地听着。可是，当望着这个叛离师门、卖身求荣的家伙，挥舞着粉红色的肥胖手掌，唾沫四溅，越说越离谱时，我心中本能地涌起了一种厌恶感。于是，我终于按捺不住了，不无揶揄地刺了对方一下：

"你是穆勒的学生，长期以来，又在瓦维洛夫手下从事果蝇遗传研究，现在怎么一下子倒过来把自己从事的那一套都称为反动的遗传学？那么，我要请教一下，从学术上看，究竟有哪些观点称得上是反动的呢？"

我这一问，不偏不倚，正好击中了这个欺师灭祖、出卖恩师、背叛真理的努日金的要害！努日金的脸一下子变成了猪肝色。

谈家桢（左）看望贝时璋教授（1995年　贝时璋寓室）

半晌，这位李森科的得力干将才回过神来，他语不成声、强词夺理地说：

"现在不谈什么科学本身的问题，而是首先要解决一个至关重要的阶级立场问题。"

他又嗫嗫嚅嚅、前言不搭后语地说：

"新旧遗传学理论的一个根本不同点，是站在什么立场上看问题。"

我哑然失笑。既然是点名讨论"新旧遗传学理论"，又怎能不涉及遗传学的具体问题，甚至不谈科学本身的问题，而"悬空八只脚"地奢谈什么科学家的立场问题？分明是欲盖弥彰了。

已处颓势的努日金仍喋喋不休地教训我，要"从反动的遗传学圈子里跳出来"，"背叛资产阶级立场，学习新遗传学理论——米丘林生物学"。我望着眼前这张奇特的脸，只见他的大嘴巴不断地张开又合上，表情极不自然，语调极不自信。我感到纳闷，是什么使一个科学家变成了这么一个丧失人格的政治小丑？

那次谈话自然毫无结果。我益发感到所谓的"米丘林—李森科学说"的空虚无力和仗势欺人。

最后，双方不欢而散。

重压之下，难有完卵。被贴上"反动的资产阶级唯心主义""伪科学"和"不可知论"政治标签的孟德尔—摩尔根学说一次次地受到批判。那些持摩尔根学术观点的学者，一个个成了被批判、改造的对象，他们中间，中箭落马的，有之；缴械投降的，有之。为摩尔根"入室弟子"的我自是首当其冲，一次次地接受批判，一次次地被责令检查。

面对"黑云压城城欲摧"的政治高压，我没有丧失科学家的良知和勇气。我当时曾经说：

"高压只能使我暂时口服，而不能使我心服。"

"思想改造虽然只是抓破了一些皮，但伤痕难消。"

后来，我任复旦大学生物系主任，在这种形势下被剥夺了讲授遗传学的权利。有人劝我，改教米丘林生物学吧。不，我宁可不教书，也决不屈服。好在还有达尔文，当时，根据教育部的规定，我校成立了达尔文教研室。于是，我开始翻译《生物学引论》，讲授达尔文进化论。我相信，科学总是科学，真理最终会愈辩愈明。我也相信那句老话："留得青山在，不怕没柴烧。"总有一天，在中国，在复旦大学，还是要恢复遗传学的教学和研究的。

我期待着这一天。

　　1956年8月，毛泽东提出"艺术上的不同形式和风格可以自由发展，科学上的不同学派可以自由争论"。根据这一精神，经中共中央宣传部提议，中国科学院和高等教育部在青岛召开了历时15天的遗传学座谈会，有116位专家教授和有关领导出席了这次座谈会。

　　这次座谈会，实际上就是一次贯彻毛泽东"百花齐放，百家争鸣"方针的会议，也是一次为摩尔根学派恢复名誉的会议。我参加了这次会议，并被指定为会议七人领导小组成员之一。在这次座谈会的开幕式上，中共中央宣传部科学处处长于光远做了令人为之振奋的发言。

　　于光远谈到"不赞成把摩尔根学派的观点说成是唯心论"，承认"有遗传物质不是什么唯心论，不是形而上学"。

　　谈到李森科提出的"偶然性是科学的敌人"的观点时，于光远明确指出，这是违背唯物辩证法的。不能"随便给人扣唯心主义的帽子，更不允许你给人扣政治帽子"，"不讲科学态度，有成见，就会变成宗派"。

　　于光远的发言传达了毛泽东的声音。毛泽东对遗传学研究的支持，无疑给当时已是如履薄冰、面临夭折的遗传学研究，送来了福音。

激动，兴奋，喜出望外，我和许多科学家打消了顾虑，把多年来压在心里的话，一股脑儿倒了出来。我在会上就"遗传的物质基础""遗传与环境之间的关系""遗传物质的性状表现"和"关于物种形成与遗传机制"等问题做了发言。真是痛快淋漓，兴奋异常。会议结束前的一次聚会上，我开怀痛饮，喝了个酩酊大醉。后来，我把这段往事称为"翻身后的喜悦"。

青岛遗传学会议与会者合影，前排右五为谈家桢（1956年）

"二龙抢珠"和"三八线"

　　1957年3月，我作为党外人士代表，出席了在中南海怀仁堂召开的中央宣传工作会议。

　　就在当天晚上，毛泽东主席接见了我们。当我们走进怀仁堂接见厅时，早就迎候在那里的毛主席满面春风地与大家一一握手交谈。这时，我的心情十分激动，当我走近毛主席时，毛主席伸出手来，微笑着同我紧紧握手。这时，站在一边的陆定一连忙把我介绍给毛主席，毛主席显得更加兴奋起来，他用力地、不停地摇着我的手，带着一口浓重的湖南口音，亲切地说：

　　"哦！你就是遗传学家谈先生啊！"

　　听了毛主席这简短的一句话，我真是百感交集，激动不已。

　　毛主席请大家坐下，谈话开始了。他询问各方面的情况，倾听大家的意见。接着，他把身子转向我，关切地问我对贯彻党的"百花齐放、百家争鸣"方针，对遗传学的教学和科研有些什么意见。

　　从青岛会议到这次宣传工作会议，我的心里亮堂了不少，思想也解放了不少，毛主席提出的"百花齐放、百家争鸣"方针更令我顾虑全消，于是，我兴奋地向他介绍青岛遗传学座谈会上，不同学派的遗传学家各抒己见、畅所欲言的情况，以及在那次会议以后，复旦大学和许多高校在教学和科研方面已经出现的好势头。毛主席神情专注地倾听着，不时地点点头，显得十分高兴。显然，毛主席十分重视我的介绍，而后，毛主席讲话了：

"你们青岛会议开得很好嘛！要坚持真理，不要怕，一定要把遗传学研究工作搞起来。"

沉思了片刻，毛主席又意味深长地说：

"过去我们学习苏联，有些地方不对头。现在大家搞搞嘛，可不要怕！"

毛主席这一席话，使我的思想进一步得到解放，增强了

时任上海市市委书记的习近平看望谈家桢（2007年）

把遗传学搞上去的信心。

我没有想到，就在这次接见时，竟因为我的工作去向问题而引发了一出"二龙抢珠"的插曲。

原来，在这次会议前，我的同行，中国科学院学部委员（即中科院院士）、生物学部主任、我国实验胚胎学的创始人童第周就跟我谈起，中国科学院的选种馆根据农业发展的需要，要扩大改建成一个趋于完善的遗传研究所，这个研究所所长的职务，已考虑请我来担任，而高等教育部部长杨秀峰则执意不放走我。

那天晚上，杨秀峰振振有词地提出理由，满座为之动容。杨秀峰认为，国家培养一个优秀大学生已是极不容易，更别说大学里的名教授!没有名教授就不可能培养出优秀的人才来，这是一个简单得不能再简单的道理。多年来，科学院把高校的人才都挖去了，长年下去，高校发展就成问题!光说不够，杨秀峰干脆把一份事先准备好的材料取出来当众宣读，历数新中国成立以来科学院从高校挖去了多少人才，说是"让事实说话"。

郭沫若听不下去，连忙站起身来，朗声说道，科学院要办就要人，高校就要支援，理属天经地义。没有人才如何办好科学院?要不，科学院就归教育部领导吧!

一时间，二老各执一词，旗鼓相当。有趣的是，这二老的听力均属不佳，俗谓"耳聋"。耳聋之人，总怕别人听不清自己说话，愈是如此，愈发提高嗓门，再加上都是学富五车的文人，尤其是在激动的状态之中，那辩论之声更现抑扬顿挫，动情之至，他们都进入了极佳境界。于是，满堂之中，人们虽屏息静听，却无不为二老为国家进步、科学教育事业的发展争人才的举动而感动。有人有感于此，把这场争论戏称为"二龙（聋）抢珠"。

这时，一直倾听着这场争论的毛主席开口了，他望望老朋友郭沫若，又望望老部下杨秀峰，忍俊不禁。他摆摆手，风趣地说：

"我看还是这样，从现在开始画一条'三八线'，到此为止，以后科学院不得再从高校中挖人。"

还是毛主席一言定乾坤，用一条"三八线"给这场"二龙抢珠"的佳话画上了终止线。毛主席的平易近人，幽默诙谐，也给我留下了永志不忘的印象。

谈家桢在国家科委生物工程中心顾问委员会成立时会见方毅（1986年）

1958年1月6日。

我和周谷城、赵超构接到中共上海市委的通知，到了市委统战部。

我们不知道发生了什么事情，匆匆地在那里会齐了。简短的寒暄，莫名的心态，我们唯有面面相觑。其时，1957年夏日开始的那场波及全中国的反右斗争还没有完全过去，我们都是万幸被"保护过关"的人物。

而后，我们被告知将去杭州，并被安排上了车，直驱机场。当我们登上飞机时，紧张的心情才渐趋放松，我们所乘坐的，竟是毛泽东主席的专机！

我们不约而同地想到了，也许，是毛泽东主席亲自召见我们。专机平稳地穿行在云海里，我们已无心观赏座舱外的景致，原本放松的心情又变得激动起来。

下了飞机，一辆轿车又把我们直送刘庄。杭州刘庄，毛主席的下榻地。

车抵刘庄，已过晚上10点，毛主席竟亲自站在门口等候着我们！

"深夜把你们揪出来，没有耽误你们睡觉吧？"一句风趣幽默的话语，毛主席轻轻地为我们卸去了拘谨和不安。

西子湖畔，一个幽静的大庭院。进入室内，一张方桌，四把椅子。毛主席和三位党外朋友各据一席，品茗畅谈。毛主席的谈话，广及工业、农业、历史、哲学、新闻、遗传等各个领域，其思路之敏捷，视野之广阔，见解之精到，言辞之犀利，为凡人之所不及，顿时使我们无所顾虑，畅所欲言。

当晚，皓月当空，夜景如画。主人毛主席意趣盎然，谈兴甚浓。只见他旁征博引，气度恢宏，妙趣横生，我们在一边听着，也不时发出轻松的笑声。

那一晚，毛主席谈到了要分清九个指头和一个指头的关系。他说：

"宋玉写的《登徒子好色赋》，你们一定都读过吧？"

随后，他风趣地说：

"登徒子娶了一个丑媳妇，但登徒子始终对她忠贞不贰。"

说到这里，毛主席自己先笑了起来，他说：

"登徒子是模范地遵守《婚姻法》的。"

大家也都笑了。

毛主席又说，宋玉却说登徒子"好色"，宋玉用的就是攻其一点不及其余的方法。

毛主席反复地说，无论办什么事，都要从六亿五千万人民的立场出发考虑问题。他希望这三位党外朋友"不要老待在教室里，报馆里，应该到人民群众中去。去走走听听，去呼吸新鲜空气。"

他说："知识分子一定要走出书斋，如果你们不肯自己出来，将来会有人把你们揪出来的。"

又说："譬如我，我到下面去跟群众接触，就感到有了生命力。"

毛主席停顿了一会儿，意味深长地望了望我们，接着又说：

"你们可以回到自己的家乡去参观参观，因为每个人对自己的家乡最熟悉，最能够对比出新中国成立前后的巨大变化。"

毛主席问赵超构：

"你是哪里人？"

"温州。"

"好，就到那里去。"

后来，也就是那一年的五六月间，赵超构去了温州，在温州附近各县参观了两个月，回到上海后，在《新民晚报》以连载形式发表了《吾自故乡来》，对毛主席领导下的新中国进行了由衷的歌颂。

毛主席笑着问周谷城：

"你知道关公姓什么？"

看来，毛主席对他的湖南同乡周谷城，已是熟不拘礼。

周谷城没有思想准备，显得有点局促紧张："是姓关吗？"

毛主席笑了，指着周谷城说：

"你错了。"

于是，他一五一十，有鼻子有眼

谈家桢幸福的一家（1959年）

地把关公为逃脱官府缉拿，逃经一城，守将问其姓名，关公情急生智，指"关"为姓的传说如数家珍般细细道来。

大家听得都笑了起来，毛主席也开心地笑了。

毛主席又问我：

"谈先生，把遗传学搞上去，你觉得还有什么障碍和困难吗？"

毛主席讲话时，总习惯把身子凑近对方，给人一种亲近感。

在这位比自己年长十多岁的领袖关切的询问下，我十分感动，郁积心头已久的话，汩汩地涌了出来。是的，毛主席提出"双百"方针后，复旦大学又可以开设孟德尔—摩尔根遗传学这门课了，但在许多人眼里，孟德尔—摩尔根学说仍然是一种不能给予信任的学说，唯有米丘林学说才是"正宗"。而让谈家桢开课，只是统战的需要，是对高级知识分子的一种"礼遇"性的照顾，我很想说——

"多亏您的关心，才……"

可我毕竟没有说出口。

"有困难，我们一起来解决，一定要把遗传学搞上去！"

毛主席仔细地倾听完我的话后，再一次表了态，他的语气显得很坚决。

时间不知不觉地过去，谈话已经进行到深夜12点了。主人的谈兴更浓，客人们也谈得尽兴。为了迎候我们，好客的主人当晚刚刚结束一个重要会议，连饭都没有顾得上吃。于是，这一夜，特地多准备了几个菜，斟上了几杯酒，主人陪着我们，大家边吃边谈，分明是"酒逢知己千杯少"了。用完饭后，又继续谈下去，一直到凌晨3点，谁也没有一点困意。最后，还是毛主席看了看表，煞住了话头，开口说道：

"已经3点了，你们太累了，该休息了，我们明天再谈吧！"

从庭院出来，有一段将近400米的曲径小道，毛主席执意要亲自把我们送到门口。

此时，正是满湖月色，毛主席笑着，用手指指月亮，不乏诗意地说：

"今晚的聚会，也可算得是一段西湖佳话吧！"

大家听了，都会心地笑了。

原国务院总理朱镕基看望谈家桢（1999年）

  1956年青岛遗传学座谈会召开以后，新中国遗传学迎头赶上的态势已经形成。

  1959年，根据中苏科学交流协议，苏联科学院西伯利亚分院生物物理所与中国科学院生物物理所有一项合作研究项目，即共同研究猕猴辐射遗传问题。苏联生物物理所所长杜比宁指名要求我出任该合作项目中方负责人。中国科学院生物物理所所长贝时璋热情电邀我赴京参加此项研究。

  当时，苏联方面派出阿切尼娃和白切洛夫两位专家，中国方面则由我率两名助手章道立和张忠恕参加，双方共同在中国科学院生物物理所实验室进行研究。我和杜比宁分任中苏双方的领导人。与此同时，我也在复旦大学主持开展此项研究工作。

  猕猴辐射遗传的研究，使我系统地开始辐射遗传研究。其后，在复旦遗传所成立以后，辐射遗传被列为重点研究项目，并成立了一个研究室。在短短的几年时间里，中国的猕猴辐射遗传研究，无论是在选题范围，还是在研究方法和手段上，都取得了很大的进展，有了可观的研究成果，在当时具有国际领先水平，为中国制定和平利用原子能计划提供了有力的科学依据。在进行专题研究的过程中，我还有计划地培养了一大批研究人才。

1961年，我由周恩来总理任命为复旦大学副校长。校长为陈望道。

这一年年底，复旦大学成立了遗传学研究所，这是国内高等院校在这一项目上零的突破。我担任该所所长。

遗传学研究所成立以后，便开始在动物和人类遗传、植物遗传以及进化遗传、微生物遗传及生物化学遗传等方面紧锣密鼓地展开了研究。

全所下设三个研究室：一为辐射遗传研究室，从事辐射遗传、人体性别鉴定和遗传病染色体研究，由刘祖洞、张忠恕负责；一为微生物遗传研究室，研究方向为通过诱变和选

与苏联专家合作开展猕猴辐射遗传学工作。左二起：阿切尼娃、谈家桢、白切洛夫（1958年）

谈家桢出任复旦大学副校长，与校领导成员合影（1964年）

择使抗菌体增产，由盛祖嘉负责，并由沈仁权负责突变基因生物化学的研究；一为植物遗传和进化论研究室，主攻方向为油菜等植物的人工合成，由蔡以欣负责。于是，一批又一批中青年遗传学工作者成长起来了。短短几年里，在上述领域中，基础理论的研究都取得了长足的进展。至1966年"文革"前夕，我们这个科研集体共发表了科学研究论文50余篇，出版专著、译作和讨论集16部。复旦大学自1957年开始招收遗传专业的本科生和研究生，至1964年，为国家培养了一大批遗传学专业的教学和研究人员。而今，这些复旦人已成为中国工、农、医、林、牧、渔等各个领域及高等院校科研和教学的骨干力量。正如外国友人所说的："新中国的遗传学家们，正在急起直追！"

谈家桢与时任复旦大学校长的陈望道夫妇合影。（左起：陈望道、陈望道夫人、傅曼芸手抱小儿谈龙、谈家桢）（1953年）

30多年来，我念念不忘广州会议。

广州会议，即1962年2月在广州召开的全国科学技术工作会议。后来有人把这次会议称为给知识分子"脱帽加冕"的会议。

五六十年代，中国的政治运动频繁。历次运动，知识分子多受牵连。至1956年底，毛主席本人和中共中央意识到这一问题，之后便有"双百"方针的提出，文艺界、学术界的气氛又空前活跃起来。延至1957年初，"双百"方针继续得到贯彻执行，在这一方针的鼓舞下，广大知识分子畅所欲言，各抒己见，"百花齐放、百家争鸣"的局面呼之欲出。

其后，便是1957年的"反右"斗争扩大化，自此，经"大跃进"，到"文革"结束，如陆定一在《怀念人民的好总理——周恩来同志》一文中指出的，"实际上形成了一条极左的路线"。"双百"方针虽然在形式上没有被取消，实际上却从此束之高阁。

1960年底，从农村工作开始，中共中央注意纠正上述偏向。

1962年1月，中共中央召开了7000人大会，号召全党总结经验，纠正错误，落实各方面的计划。

1962年2月，国家科委在广州召开全国科学技术工作会议。国家科委主任聂荣臻元帅主持了会议。周恩来总理做了《关于知识分子问题》的报告。周恩来在报告中再一次强调，绝大多数知识分子不再属于资产阶级知识分子，而是属于劳动人民的知识分子。陈毅元帅也到会讲话，正直爽朗的陈毅在会上讲到，要为知识分子"脱帽加冕"，即脱资产阶级知识分子之帽，加革命知识分子之冕。

对着到会的代表，陈毅深有感情地说：

"我们是社会主义的人民的知识分子，劳动人民的知识分子，是国家的主人翁。"

陈毅又强调说，经过12年的考验，尤其是这几年严重困难的考验，证明我国广大知识分子是爱国的，相信共产党的，跟党和人民同甘共苦的。8年，10年，12年，如果还不能鉴别一个人，那共产党也太没有眼光了。

听着这些出自中共中央领导人的肺腑之言，我的心被深深打动了，我是噙着激动的泪水听完这些报告的。

广州会议还针对"大跃进"中违背科学的错误，明确指出，破除迷信要同尊重科学结合起来，在生产建设中要发挥科学和科学家的作用。这次会议还提出了科学参与国家建设决策的问题。

在广州会议进行过程中，中央领导安排了很多座谈会，用以听取科学家们的意见，我坦诚指出：

"在青岛遗传学座谈会后较长的一段时间里，实际上，在遗传学界中没有很好地贯彻百家争鸣的方针，从而没有在根本上解决摩尔根学派的地位问题。"

我又直率地说：

"有些文教单位的领导，他们不懂遗传学，也不去学习弄懂它。在实际工作中并不真心地对待摩尔根学派的科学家，只是把他们作为统战对象看待。同时，把在大学里允许开设摩尔根学派的课程和开展这方面的研究工作，看作是对资产阶级知识分子的照顾和开放唯心论的一种形式。"

说完上述意见后，我郑重指出：

"在领导层中不很好地解决这些问题，观念不改变，仍以先入为主的工作方法来领导文教工作，势必影响遗传学界百家争鸣的正常气氛，遗传学要在中国得到发展也是相当困难的。"

中央领导十分重视我的意见。周恩来还同陈毅、聂荣臻、陶铸一起在会上强调，在遗传学问题上必须贯彻党的"双百"方针，摩尔根学派不是资产阶级唯心主义。会后，中央领导还详细听取了我的意见，并希望我敞开思想，为遗传学界健康地开展学术性争鸣发挥积极作用。

时隔30多年，我每每谈起广州会议，就激动不已。1998年3月5日，是周恩来总理诞辰100周年。此前，我在上海《文汇报》发表纪念文章《我心中的周恩来》，文中写道："参加广州会议的那段日子令我终生难忘。"

谈家桢怀抱孙子（1962年）

"谈家桢还可以搞他的遗传学嘛！"

"文化大革命"中，我和许多科学家一样，劫难当头，遭遇了妻离子散、家破人亡的厄运。

1968年的一天，我在农田里锄草。十分意外有一个人走到我的身旁，俯身在我耳边轻轻地说了一句：

"从明天起，你就可以不用到田里劳动了。"

一时间，我激动万分。这短短的一句话包含了多少内容！

我百感交集，不能自已，下意识地跪坐在田边，面向东方，任由泪水夺眶而出，顺着脸颊往下流，往下流……

后来我才知道，在中共八届十二中全会上，毛泽东主席似乎不经意却字字落地有声地说了一句话：

"谈家桢还可以搞他的遗传学嘛！"

在这次会议上，毛主席点名解放了八位教授，这八位教授是：北京的吴晗、华罗庚、翦伯赞和冯友兰，上海的谈家桢、周谷城、苏步青和刘大杰。

不幸的是，对毛主席的指示，造反派采取了一贯的阳奉阴违的做法，他们"内部控制"，不予传达，以至著名历史学家翦伯赞在被点名的第二日晚上，即与夫人双双自尽，党中央为此事追查下来，造反派才决定对外宣布毛主席的指示。

得知自己确实获得解放的消息，我自然又是一番激动，以至失声痛哭。这一次，又是毛主席的一句话，把我从"给出路"的对象划入了可以"接受再教育"的行列。尽管此时的我已是"遍体鳞伤"，且垂垂老矣。

后来的事实还证明，毛主席在那样一个特殊的历史时期，对我和遗传学研究仍牵挂在心。1970年，王震将军由疆晋京，向毛主席述职时，毛主席要求这位当年开发南泥湾的"胡子"爱将多读几本书，多搞点调查研究，多交几位知识界的朋友，并把我作为他自己的朋友介绍给了王震。

军旅出身的王震将军，历来办事雷厉风行，对于他最为崇敬的毛主席的指示更是如此。当下，王震便在北京找到华罗庚，托华写信给我，约我和他一起去全国各地考察近几年来的

谈家桢夫妇与儿孙合影（1962年）

农业育种情况。

我接到华罗庚的信后，顿时喜出望外。我和王震将军个人交往甚少，此番他来约我，十之八九代表了中央，甚至是毛主席本人，也许这正是我又可以开展遗传学研究的一个信号！

不久，我又收到了华罗庚的第二封信。华罗庚在信中明确地告诉我，王震已经打报告给周恩来总理，一旦批下来，我们就可以动身。

我及时把这两封信交给了当时的学校领导，静候批示。

信交上去了，却如石沉大海，杳无音讯。过了好久，我才知道，信落到了当时上海市革委朱永嘉手上。像所有不知天高地厚的政治"暴发户"一样，朱永嘉压根儿没有把三五九旅老旅长这么一位开国元勋放在眼里，他在信上批示道：

"这些老家伙，就是喜欢这样的人，不要理他。"

中国的情况常常如此：尽管当时许多人都竭力地把自己打扮成最听毛主席的话、最拥护毛主席的样子，事实上，正是这些人在反对毛主席。结果是，毛主席的意思很难贯彻，毛主席的话也变得不太管用。

我只能继续耐心地等待。

张泗洲的蓖麻棉

　　历史证明，那些高喊打倒权威、竭力贬低权威的人，骨子里是害怕权威，却又不得不承认权威，需要时甚而不得不倚仗权威的。

　　七十年代初，一个青年电工宣布，用微量电刺激棉花植株，可以使棉花纤维的长度增长，从而使普通棉花变成长绒棉。于是就有好事的记者把这件事写入报道。不料姚文元在一份材料上看到了这则报道，这个文痞对遗传学一窍不通，居然堂而皇之地在材料上批示道：

　　"要通过电刺激棉花走中国遗传学发展的道路。"

　　于是，就有一些溜须拍马之徒，急急忙忙地秉承旨意，整理材料，召开现场会，组织展览会，弄虚作假，大加鼓吹。一场闹剧匆匆开场。

　　偏偏，吹鼓手们自知心中无底，为了假戏真做，匆匆忙忙地找到了我，企望我也能参加他们的"啦啦队"。我早已看穿这伙人的把戏，对之嗤之以鼻。

　　软的不行来硬的。吹鼓手们动用了行政命令，要我每天去农科院总结"电刺激棉花"的经验。

对付强权高压的最好办法就是"消极怠工"。我人到现场，却给他来个哼哼哈哈装糊涂，一天一天打发时间。过不多久，浪费了大量人力、物力和财力，闹剧终于不了了之，草草收场。

在强权面前，我绵里藏针，维护了科学的尊严，保持了一个科学家的良知。

1972年，全国第二次遗传学讨论会在海南岛举行，我没有去参加会议。按照朱永嘉之流的逻辑，这也是意料之中的事。

会上，有一种形成主流的说法，即所谓既不信米丘林，也不信摩尔根，而是要相信中国的农民科学家，创立中国的遗传学派。这倒颇有点当年苏联李森科起家时搞"政治科学"的架势了。为此，会上还专门树了一个典型——"农民科学家"张泗洲。

据说，张泗洲用蓖麻和棉花杂交，培育出了蓖麻棉。

还有人活灵活现地说，棉花种子经活性染料染色，染上什么颜色，就能产出什么颜色的有色棉花。

这些在今天看来没有科学根据、近乎荒诞的说法，在当时居然被吹得神乎其神，以致复旦大学去参加会议的代表回来后，学校居然还让他专门传达介绍那次会议的情况。

有人问我，对此有何看法。问话的是当时学校的工宣队。

有何看法?事情是明摆着的:棉花和蓖麻，一属锦葵科，一属大戟科，两者的亲缘关系如此之远，难道，仅仅用一般的杂交试验，就能成功地进行远缘杂交，产出杂交种，甚而能遗传下去，这岂不是连极其普通的常识都不知道吗?我摇摇头，无意附和。至于由活性染料染过色的种子，居然能产出有色棉花，这更是天方夜谭，在开科学的大玩笑，比昔年的李森科还要李森科!

想了一想，我回答说："搞科学研究，至少要具备两点，一是观察，二是实验。这两点，我都不具备。我既没有亲眼所见，又没有进行实验，我不敢妄加评论。"

这是在当时政治高压下一种婉转的说法，潜台词十分清楚：对于这类与科学背道而驰的说法，我不敢苟同!

一个工宣队头头愤愤不平起来："既然你不肯承认农民科学家做出的贡献，那就老老实实到实地去学习学习吧!"

就这样，我被安排去了四川，去了"农民科学家"张泗洲所在的那个公社。

现在回过头来看，那位在"文革"中被吹得红得发紫的张泗洲，就其本人而言，虽说大字不识，但也还是个肯动脑筋

谈家桢为《牛顿》杂志题词（1988年）

的细心人。"文革"开始后，他对风行一时的"斗争哲学"心领神会，于是亦步亦趋，居然被升为公社党委书记，不久又被选为中共中央候补委员。对于我的到来，张泗洲显然是欢迎的，他没有拿腔作势，盛气凌人。无奈我在张泗洲那里考察了一个月，照张泗洲的那套方法，无论是在当地大田里，还是后来回到上海，反反复复，试验了多次，蓖麻还是蓖麻，棉花还是棉花，绝对得不出张泗洲那样的结论。对于我来说，这也本属意料之中。

但是，事情并没有到此为止。

1975年，《植物学报》编辑部给我寄来一封信，说是正准备发表张泗洲的论文《以阶级斗争为纲，坚持远缘杂交》，张泗洲本人提出，论文发表时，要和我共同署名，问我有何意见。

我仔细"拜读"了张泗洲的"大作"，连连摇头。那"论文"通篇没有任何科学价值且不言，还有一大半篇幅全是穿靴戴帽的"批判""斗争"内容。不管此文是否出自张泗洲本人之手，它是一篇迎合"批邓"需要的邀功之作是很明显的了。

我谢绝了这份争功邀宠的荣幸，郑重地复信给那家编辑部：

"我跟张泗洲学习了一个多月，可能时间短，没有得出如张泗洲同志那样的结果。回来后反复试验，仍无结果，很可能是我没有学习好技术。至于署名问题，我无功不受禄，不能把我的名字放上去。"

14年后，我应邀为牛顿杂志社题词，想起往事，深有感触地写下了八个大字：

"真理使人获得自由。"

毛泽东主席一直记挂着我。

1974年，毛主席和周恩来总理都已病重，在周恩来总理的力荐下，毛主席决定，请邓小平出来全面主持国务院的工作。自此，中国的国民经济枯木逢春，走向复苏。1975年，周恩来总理支撑病体，在四届人大会议上做政府工作报告，向全中国人民响亮地提出了实现"四个现代化"的口号。

中国的经济发展，中国的现代工业、现代农业和现代国防的实现，需要现代科学技术的支持，而科学技术的发展，当务之急乃是人才问题。

刚刚和周恩来总理一起，以其雄才大略，成功地迈出了中美建交这一划时代的历史性大步的毛主席，在他中南海的住地，频频地接见从海外归来的华裔科学家杨振宁和李振道等人，又殷殷垂询在京的李四光等著名科学家。这无疑是一个历史性讯号：中国将再度向科学发起进军！

从20世纪50年代开始便对中国遗传学发展寄予厚望的毛泽东主席，此时此际，即便是在病榻之上，仍时时牵挂着与中国的农业、中国的国民经济发展有着密切关系的遗传学事业！

他再一次从北京城派出了自己的信使。这一次，他仍然选派自己的爱将、长期从事中国农垦事业的王震。

1974年冬，王震将军抵沪，在他下榻的新乐路东湖宾馆，邀约我前往晤谈。这

谈家桢在上海火车站（70年代）

是一次简短、无法深入展开的晤谈。

我是在获得当时"复旦大学革命委员会"的准许，在由他们派出的一个"陪同"同往的情况下前去宾馆的。

见面之后，王震抓住我的手紧紧握了又握。

坐定后，王震躬身凑近我，一字一顿、语重心长地说：

"毛主席很关心你，他在病中还没有忘记你。这次，让我带口信给你，问这几年为什么没有见到你发表的文章。有什么话还可以说嘛！"

这段话，每一字，每一句，都说到了我的心坎里；每一字，每一句，都是我期盼和等待已久的！

这段话，表达了毛主席对我的关爱和期望，也表达了毛主席对中国遗传学事业的关爱和期望！

我凝视着坐在自己面前和蔼可亲的王震将军，百感交集，一时如有千言万语，不知从何说起。回过头去，我看到了身边那个虎视眈眈的"陪同"，我苦笑着，只向老将军说了这么一句话：

"谢谢他老人家，我是要把遗传学搞上去啊！"

虽说是这么一句话，我还是及时准确地向毛主席表示了我的谢意和我的决心。

在电镜室，谈家桢正在和科研人员共同研讨（1979年）

十年浩劫，我和许多知识分子一样，厄运临头，家破人亡。1966年，与我风雨同舟几十年的爱妻傅曼云夫人因不堪凌辱，含恨自尽。

1972年，我和邱蕴芳医生相识。

人到中年的邱蕴芳是一位热爱事业的妇产科医生，她胸襟开阔，性格直爽乐观。她年轻时曾作为中国人民志愿军的一员，奔赴抗美援朝前线。之后，她一直是上海一家医院的业务骨干。

这一年，通过傅曼云的一位生前好友和邱蕴芳所在医院的一位会计的牵线搭桥，我和邱蕴芳走到了一起。当时的我，家无余财，且是全国闻名的"资产阶级学术权威"，虽名为"解放"，却仍属"运交华盖"，时时受掣。邱蕴芳偏偏对我很有好感，我们两人虽无花前月下，卿卿我我，她却心意已决。

一年以后，我和邱蕴芳结为伉俪。

不久，"反击右倾翻案风"起，交白卷的"英雄"被捧上了"教育革命闯将"的交椅。于是，又开始轮到我写"检查"了。饱尝"运动"苦楚的我情绪极度低落，性情乐观开朗的邱蕴芳非但毫无责怪之意，反而主动劝慰，不时在饭后陪伴着我，沿着复旦大学宿舍前的小路散步，聊天。很自然地，这便成了我身处困境中的极大慰藉。有一件事，我至今回忆起来仍觉得很有意思。

原来，当时要我写检查，我思来想去，不胜其苦。邱蕴芳就给我出主意，说我何不把调子提高，甚而愈高愈好，譬如，"我是软刀子杀人"之类，"你又没有杀人，怎么能定你杀人罪呢"？

夫人聪慧的话语，引来我一时开怀的笑声。

1975年春，四届人大召开。据知，由于毛主席的亲自干预，我和赵超构的名字补进了上海代表名单。但我们仍被告

谈家桢夫妇共游周庄水乡（*1998年*）

知，我们是作为上海资产阶级知识分子的代表去参加会议的。临去北京时上海造反派头头的一番训话，令我反感不已，加之在大会上见周恩来总理身体更加羸弱，令人担忧。整个会期，并没有给我带来多少愉悦。

回上海后，我一年前出现的腹泻不止的现象愈见严重，且大便中夹带少量出血。在邱蕴芳的坚持下，我被送往医院进行全面检查。之后，又经放射科专家荣独山教授的介绍，第二军医大学附属医院、仁济医院和中山医院三家医院的肠道专家会诊，他们对我一致亮出红牌，我被送进了第二军医大学附属医院。

检查整整进行了一个月，拍了70多张片子……

结果出来了：结肠癌！

谈家桢受邀出席音乐会。左三起：谈家桢、周小燕、邱蕴芳（1997年）

具体情况是，大便中夹带的不是血，是瘤子开花。所幸浆膜未破，否则就会导致急性腹膜炎，腹水渗出，至多只能延长一周的生命。而今，亏了邱蕴芳的及时决断，多方会诊，及时发现，尚可手术切除。

　　其时，我所患结肠癌已到了晚期。邱蕴芳心急如焚，但在我面前，作为一个妻子，作为一名医生，她仍强作镇静，对我慢慢疏导，使我增强战胜病魔的信心，积极配合医院进行治疗。于是，当我当晚独自从医院回到家里，向邱蕴芳问及诊断结果时，邱蕴芳平静地回答我：

　　"在医院里，只有主任医生才有权告诉你最后的诊断结果，不要听信其他人的话。"

　　不久，随着闻讯前来看望我的人越来越多，邱蕴芳觉得已无法继续相瞒，她决定把诊断结果对我直言告之。这一天，她竭力控制住自己的情绪，十分耐心地为我讲述了病因和诊断结果，又综合了专家们的意见，告知我，手术治疗是目前的最佳方案。

　　妻子的疏导，令我打消了顾虑和不安，我决心面对现实，接受这次手术治疗。

　　手术前三天，专家们讨论手术方案，邱蕴芳以病人家属和医生的双重身份被邀参加。在谈及要为我做人工肛门的方案时，邱蕴芳提出了一个十分内行的问题，她表示希望知道病案记录中所记致癌直肠距肛门的距离是多少。这其实是一个十分重要的问题：原来，在医学上规定，如果致癌直肠距肛门距离太近，便只能做人工肛门；但如果超过一定的相隔距离，便无须做人工肛门。结果一查，发现我的病史记录上没有这方面的记载，于是当晚马上补做直肠镜检查。一量距离，根据规定，可以不做人工肛门。主任医生拍拍邱蕴芳的肩说：

"你真是为我们做了一件好事！在这件事情上，是我们失职了。非常对不起！"

手术艰难地进行了11个小时。

手术以后，亲自主刀的王主任对邱蕴芳说："幸亏手术及时，要是再迟10天，就会穿孔，即使手术，恐怕也是凶多吉少。"

从一定意义上讲，夫人邱蕴芳医生救回了我的一条命。

在夫人的精心护理下，我康复得很快。然而，噩耗传来。1976年9月，巨星陨落，毛泽东主席与世长辞。

对于我来说，毛主席的逝世是我平生至为哀痛的一件事。

1976年，对中国人民来说，是灾难不断的一年。先是这一年1月，德高望重的周恩来总理逝世，举国同悲。继之，朱德元帅撒手人寰。入夏，紧邻京畿的唐山发生特大地震。天灾，人祸，接踵而至。随后，便是毛主席的去世。

对逝者的悼念，对未来时世的担忧，如磐石，如阴影，如乌云，压在广大中国人民的心头，压在我的心头。我再度病倒了。

9月，全国哀悼毛泽东主席的逝世。上海在文化广场设下灵堂。作为各界知名人士之一，作为毛主席的生前好友，我被安排在灵堂上守灵。

哀乐阵阵，哭声阵阵，凉风阵阵。心头巨大的悲痛，引发了阵阵加剧的胃痛，大病初愈的我突然觉得头晕目眩，手足冰冷。勉强支撑到换班，我在家人的扶持下回到家中，就便血了，其色如柏油。急送医院检查，发现为广泛性糜烂性胃窦炎。于是，再度手术，为彻底清除癌病灶，切除了胃的三分之二。

又是一次大手术，又是数月的护理恢复。亏了负责的医护人员，亏了夫人邱蕴芳，我又一次战胜了病魔，康复如初。
这时，已是大地回春、桃花盛开的时候了。

谈家桢夫妇（2000年）

从50年代到80年代，遗传学研究对于中国而言，基本上处于停滞不前的阶段，但在全世界范围内，完全可以用"突飞猛进、一日千里"加以形容。

1953年，美国科学家沃森和克里克提出了DNA双螺旋结构模型，解决了生物自我复制之谜，被誉为生物学上的第二个里程碑，是继达尔文物种起源学说之后生物学上最重大的突破。

1958年，克里克提出了遗传信息传递学说，又称"中心法则"。

至1970年，科学家梯明和巴尔蒂姆分别在肿瘤病毒中发现了RNA指导DNA的聚合酶(即反转录酶)，通过这一聚合酶的催化，RNA可以指导合成DNA，"中心法则"由此得到重大发展。

"中心法则"是当今遗传科学的一大突破。它合理地说明了在细胞生命活动中核酸和蛋白质两类大分子的联系和分工。在生命活动中，核酸和蛋白质是互相依存、互相制约的因果关系，彼此之间，一方失去另一方便无从体现生命活动；另一方面，它们各自又有严格的分工，核酸的功能在于储藏和转移遗传信息，指导和控制蛋白质的合成，蛋白质的功能则是进行以酶为催化的新陈代谢，并作为细胞结构的组成部分。生命活动正是在上述两种生物大分子的作用下得以体现的。

　　1963年后确立的遗传密码概念，是分子生物学最富革命性的突破。其后，科学家证明，在蛋白质合成中，组成蛋白质的二十种氨基酸顺序和每个氨基酸在蛋白质分子中的排列，是由三个相邻连接的核苷酸所决定，而每三个连续的核苷酸组成一个三联体遗传密码，它们与DNA分子上的每三个碱基相对，由此决定蛋白质链上的一个对应的氨基酸。科学家进而验证了三联体遗传密码，并全面阐明了组成蛋白质的二十种氨基酸密码字典，证明遗传密码无论对生物学中最简单的生物，还是最高级的生物，都是普遍适用的。

　　1972年，美国斯坦福大学生化学家皮·伯格首次构成第一批重组DNA分子，从而创造了生物学史上第一次将两种不同生物的基因在体外人工拼接在一起的奇迹。

　　1973年，斯坦福大学科恩博士和加州大学旧金山分校的博耶博士进一

谈家桢与DNA双螺旋模型创始人之一、诺贝尔奖获得者沃森以及遗传转基因发现者、诺贝尔奖获得者麦克林托克合影（1978年）

谈家桢与老同学邦纳院士在加州理工学院生物系建立50周年庆典会上（1978年）

步发展了DNA重组技术，自此，这一重组技术的发展一发而不可收，并迅速与其他生物技术结合在一起，形成蔚为壮观的现代生物工程技术体系，从而开拓了人类遗传工程的新纪元。

这一切，对中国的遗传学工作者来说，充其量只是见诸文献资料而已。即便如此，也仅是见其局部，而未能得睹全貌。

中国进入改革开放时期，国门大开。世界科技的最新信息一经传入，沉寂已久的中国科学界就为之震动，中国遗传学界就为之震动。

1978年，我已年近七旬，得以重返国际遗传学舞台。其间穿针引线的，是我当年在加州理工学院的老同学邦纳。

邦纳比我小两岁，是我30年代在"蝇室"工作时的同事，现在他是美国加州理工学院退休教授、美国科学院院士和著名分子遗传学家。同时他还担任着美国植物基因公司董事长。他在信中邀请我前去美国参加母校——加州理工学院生物系成立50周年纪念会。邦纳教授在信中还表示，我此次访美的全部费用都由他来承担。

我意识到，这是我作为中国遗传科学工作者的代表重返国际学术舞台的一次机会，于是欣然赴约。就这样，在邦纳的力促下，我再次踏上加利福尼亚洒满阳光的土地，再次登上加州理工学院的讲台。

我以海外校友的身份，做了题为《遗传学在新中国》的报告。这个报告概要地叙述了"李森科主义"在中国遗传学发展道路上所造成的灾难性影响，叙述了"四人帮"对中国科学事业的摧残和破坏，叙述了毛泽东主席对中国遗传学事业的关爱和支持，以及中国遗传学事业富有戏剧性的几度起落，引起了与会科学家的极大重视。这也是中国遗传学家在与国际学术界阔别30年后的首次亮相。

会议结束以后，在邦纳和美国学术界朋友的帮助和支持下，我先后赴美国的东、西部进行考察和访问。

谈家桢在美国纽约州立大学石溪分校与苏格尔院士交流（1978年）

DNA双螺旋结构发现者之一沃森院士专程看望谈家桢，并与其亲切交流（2006年）

在加州戴维斯分校、纽约洛克菲勒大学、纽约州立大学石溪分校、马里兰大学、芝加哥大学、斯坦福大学、德克萨斯州医学中心和哈佛大学等处，我马不停蹄地参观了与遗传科学研究相关的实验机构和设备，与科学界的新知旧识进行了广泛的学术交流。

在我先后访问的科学家中，有正着力于研究真菌行为、被誉为"分子生物学之父"的德尔布吕克，有在60年代发现三联体密码的尼伦伯格，有提出顺反子学说的本泽尔。我还在冷泉港见到了DNA双螺旋模型创始人之一、诺贝尔奖获得者沃森，见到了遗传转基因发现者、诺贝尔奖获得者麦克林托克。在纽约，我会见了洛克菲勒大学校长、细菌性别发现者、诺贝尔奖获得者列德伯格，会见了芝加哥大学校长、"一个基因一个酶"的创始人、诺贝尔奖获得者皮德尔教授。

在与这些世界一流的科学家的接触中，我不仅了解到他们在自己原来的研究领域中已取得的重大突破，还通过他们正在进行中的新的领域的研究，了解到国际生命科学领域，其势如长江后浪推前浪，许多功勋卓著的科学家，绝未满足于既有成绩，而是高屋建瓴，站在科学研究的最前沿，向新的课题发起挑战，向新的目标发起冲击；我还了解到，当时的生命科学研究，已转向神经生物学方面，人类正在开展包括大脑在内的研究。这令人鼓舞的一切，对我而言，无疑是一种巨大的鞭策。

　　行程万里，令我大开眼界，感触良多，当今国际遗传学发展的方向，中国遗传学研究的重新起步……一个又一个令人振奋的课题，在我的心中渐成轮廓。我庆幸此次西行，收获多多。我对自己说：

　　"这是一次重要的补课。"

原在北京召开的国际遗传作物操作会议期间，谈家桢邀请方毅出席，并主持会议（1984年）

中国遗传学的春天

1978年的访美之行，给我留下了至为深刻的印象。

我抵美之时，正值被世人看好的分子生物学开始转向，进入神经生物学这个全新的领域。仅加州理工学院一地，生物学部三十几个科研摊子，其中有一半人的工作属于神经生物学和神经遗传学的范围。

之后，在与德尔布吕克、沃森、本泽尔和尼伦伯格等分子生物学奠基人接触并展开深谈的过程中，我又得知，德尔布吕克已转向一种黏菌的行为研究，另外三位则已先后转向神经生物学研究。更有一些科学家则开始致力于更高级的物质运动，包括人的感觉、思维和行为的物质基础的研究。

我认为，这一现象，一方面反映出当代的一些科学家对科学发展趋势所具备的远见卓识，从而能令自己的研究工作始终居于科学发展的前沿和领先地位；另一方面，又揭示出一个具有规律性的问题，那就是，人类所从事的科学研究，必然是由低级物质运动形态向着高级物质运动形态发展。

在物质的运动规律中，最简单的是力学运动规律，而后是光学、电学、声学等物理学运动，再后是化学运动。上述这些运动都属于无生命的物质运动范畴。只有生命的物质运动，才是高级的物质运动。本世纪的前50年，是物理学和化学突飞猛进的时代，后50年，则必然进入生命科学一日千里的时代。道理说来简单，高级运动规律不仅有其自身特有的规律，还须遵守低级运动的形态规律。在低级运动形态没有基本弄清楚前，自然不可能深入研究高级运动规律。自本世纪50年代起，生物学的研究从定性走向定量化，但要精确地用定量方法说明生命现象及其本质，仍须求助于数学、物理学和化学。这就是我后来一直谈到的生命科学和数学、物理学、化学的相互介入、相互渗透和相互支持关系。

在当今生物学领域，有许多原来从事数学、物理学和化学研究的科学家都曾异军突起，做出过杰出的、甚而是划时代的贡献，其中，奥地利物理学家薛定谔，曾用热力学和量

谈家桢与分子生物学之父、病毒遗传奠基人、诺贝尔奖获得者德尔布吕克（右）在一起（1945年 美国）

谈家桢主持复旦大学教学工作会议

子力学原理解释了生命活动规律和生物的遗传和变异等问题；搞诱发变异的德尔布吕克原来也是一位物理学家，这位海兴堡的学生，而今在国际遗传学界的声名已蒸蒸日上；此外，如本泽尔、斯坦德、克里克等，究其出身，也是物理学家或化学家。

可以说，昔年由孟德尔、摩尔根高高举起的生物学研究大旗下，而今已是群英荟萃，千树竞秀，由于数学、物理学和化学的加盟，生物学研究这面大旗正变得愈发璀璨夺目，人类对生命现象的研究，正进入一个前所未有的辉煌时期。

认识是实践的先导，我廓张思路，在复旦大学率先进行了大刀阔斧的改革。自80年代起，根据我的意见，生物系原有的九个专业被改为五个系，为遗传学系、生物化学系、生理和生物物理系、微生物系以及资源和环境生物系。1986年，在经过两年时间准备的基础上，正式成立复旦大学生命科学院，我出任首任院长。1987年，又建成复旦大学遗传工程重点实验室，并通过国家验收，成为全国第一批十个国家重点实验室之一。至此，复旦大学生命科学院已包容五系、一所(遗传学研究所)、一室(遗传工程国家重点开放实验室)和一个博士后流动站。阵容齐全，蔚为壮观。

在"粮草兵马齐备"的条件下，我又利用复旦大学生命科学院的人才优势和知识资源，多渠道地联系国际性合作项目，吸收国外的科研经费，能动地推进教育和科研。我先后确定与美籍华人学者廖英华教授合作进行人类医学研究，与日本北川、冈田教授合作进行果蝇进化遗传研究，与美国干扰素科学公司进行基因工程的合作研究，与美国康奈尔大学吴瑞教授进行水稻遗传工程的合作研究。1984年，我在美国与干扰素科学公司达成进行基因工程的合作研究的协定。复旦大学遗传学研究所在成功获得水稻核DNA的基因文库和水稻的自主复制序列基础上，经3年时间，研制出一种人工染色体，这种染色体可以作为单子叶和双子叶植物实施基因工程的人工载体，为此，美国干扰素科学公司每年将向复旦大学遗传学研究所提供6万美金的研究经费。

　　与此同时，我又不失时机地利用出国访问、会晤旧识、广交新知的机会，积极推荐国内人才到欧美国家和日本进行学习进修，获取最新的知识、技术和信息。其中，仅复旦大学遗传学研

谈家桢与学生亲切交流，听取意见（1989年）

究所一处，经我联系和推荐的出国学习进修人员就达90%，上述学者陆续归国以后，在科研和教学上发挥了极为重要的作用。

此外，中国遗传学会也于1978年10月6日在南京成立。德高望重的李汝祺教授被推选为中国遗传学会第一届理事会的理事长，祖德明、金光祖、钟志雄、胡含、卢惠霖、沈善炯、奚元龄、方宗熙和我为副理事长。中国遗传学会下设24个地方遗传学会，拥有会员4000多名。

经过30多年徘徊的中国遗传学事业，在改革开放的盛世，正呈现出万紫千红、春色满园的大好景象。

沐浴东风，遥望南天，我抚今思昔，感慨万千。

原日本国立遗传学研究所井山审也教授（左三）来访。右起第三人为谈家桢（1985年）

1989年5月12日，台湾研究院评议员、台湾清华大学教授沈君山代表台北科学会发函，正式邀请我到台湾做学术访问。台湾研究院生物研究学研究所所长吴瑞和阳明医学院遗传学研究所所长武光东也同时来函，希望我前往参观并做专题演讲。

我十分高兴地接受了邀请。

11月7日，上海市有关领导为我及夫人访问台湾设宴饯行。8日，我们乘机抵达香港，台湾方面也派人在香港迎候。每个环节几乎都很顺利。正当我们在办理入境手续时，节外生枝的事情发生了。

台湾当局突然以我是"全国政协常委""中国民主同盟中央副主席""上海市人大副主任"为理由，拒绝我入境!除非我在台湾官方印制的"保证书"上签上名字，他们才会同意放行。

这份所谓的"保证书"，说到底，就是要我保证在访台期间不进行任何政治活动。

在原则问题上，我从不含糊，我宁可不进入台湾，也绝不会在所谓的"保证书"上签字。

谈家桢在中国水稻研究所成立大会上（1989年）

　　其实，在我接受台北科学会的邀请之初，双方就将访问的性质定得十分明确。在11月5日沈君山的署名电传中有这么一段文字：

　　访台奖助金及台北科学会之邀请先生访台，乃因先生在遗传学之杰出成就，尤其尊敬先生于50—60年代对抗李森科学派，力持科学趋势不向权势低头之精神，与先生之官阶无关。在我们看来，先生乃是以一杰出科学家之身份访台，所谓"部长级"或"副部长级"是不值一提的。

　　邀请者和被邀请者，对这次访问活动的学术性质都是十分清楚、明白的，在节骨眼上，台湾当局却偏偏要在"官阶"问题上大做文章，这实在是令人费解。

　　双方僵持不下。11月14日，沈君山在给我的一封电文中提出了一个"折中"方案，表示我只要在一份已经起草好的文件上签字，台湾当局就会同意放行。

　　沈君山在电文中说：

"因为您在大陆的官方身份，为了避免您抵台后可能引起的困扰，包括反对党人士的借机攻击，有关方面与我商议后，建议您在抵台时签署附上的文件。"

　　那份附上的已起草好的文件是这样写的：

　　本人系上海复旦大学遗传学教授兼生命科学院院长，并因科学上的成就，被任命为"全国政治协商会议"常务委员、上海市"人民代表大会"副主任委员及中国民主同盟副主席等职，现以大陆杰出科学家身份应邀访台，在台期间放弃上述身份，仅与科学界同行做学术上之切磋，并保证入境后遵守中华民国法令，请依有关规定办理。

　　此致

　　　　　　　　　　　　　　　　　　　　航空警察局

　　自然，要我在这类文件上签字，是绝不可能的。

　　我表态了：我感谢台湾科学界同仁为我访台做出的巨大努力和辛勤劳动。这次不能顺利访台，台湾当局应负全部责任。

　　我们当机立断，乘机返回上海。

　　以后的两年里，海峡两岸民间交流合作的形势出现了喜人的变化。台湾科学界人士对我1989年访台受阻一事一直深表歉

谈家桢与钱学森在中国科协三届五次会议上（1990年　北京）

谈家桢主持复旦大学遗传研究所建所30周年纪念会（1991年）

意。在此期间，经沈君山等人极力促成，并经向王永庆等台湾著名企业家倡议得到响应，台湾成立了以国际著名华人科学家李远哲为召集人，陈省身、朱经武、费景汉等科学家为评委会成员的邀请对象评审委员会，确定邀请对象原则为"必须在学术上造诣达到国际水准""在大陆为其学术领域之领导人"及"具有较高的社会声望"。在此基础上，由台湾著名物理学家、台湾研究院院长吴大猷教授出面，向12位大陆杰出科学家发出邀请，又经李远哲飞赴大陆，与有关部门接洽，确定了第一批6位大陆杰出科学家及其夫人的访台名单，为：

谈家桢(遗传学家)与夫人邱蕴芳；

张存浩(化学家)与夫人迟云霞；

吴阶平(医学家)与夫人高睿；

卢良恕(农学家)与夫人尹雪梨；

邹承鲁(生化学家)与夫人李林(物理学家);

华中一(物理学家)与夫人缪宝丽。

1992年1月，我收到了由台湾研究院院长吴大猷签署的一封邀请信:

家桢教授台鉴:

为促进两岸学术交流及未来学术合作，敬邀先生来台湾做为期十天的学术访问及演讲。先生来台之旅费、膳宿费将由"访台奖助金"赞助，并由本院会同沈君山教授安排参观访问。先生访台时间拟定于一九九二年三月至六月间，敬候赐复。耑此奉邀。

并颂

春祺

吴大猷(盖章)敬启

一九九二年一月二十一日

其后，又是预料之中的反复。台湾当局对前后两批12位科学家进行所谓"政审"，认为其中7人是中共党员，而我则具"官方"身份，表示此8人不能入台。最后，经李远哲和沈君山多方奔走、交涉，终于促成了大陆第一批杰出科学家赴台访问。

1992年6月8日下午，我们乘坐从香港起飞的国泰406班机抵达台北桃园机场，受到沈君山教授、台湾研究院代表及在台亲友的欢迎。大陆科学家代表团在机场发表了书面讲话，表达了这次访问的目的是"进行学术交流"，并强调这次大陆科学家访台，是"抱着加强海峡两岸科学家的联系，增进相互了解的真诚愿望，也抱着促进海峡两岸科技交流与合作的强烈希望"。

其间，出现了一个插曲。

谈家桢访问台湾东吴大学，受到章孝慈校长的欢迎（1992年）

原来，接待组了解到我已经年届83岁高龄，是这次赴台大陆科学家中最年长的一位，便特意准备了一辆轮椅车。当我出现在他们面前时，他们很吃惊。因为，我的步履似乎丝毫不亚于年轻人。

我自然谢绝了接待人员为我特意准备的轮椅车，在主人的陪同下，走出桃园机场。

短短的8天里，我们访问了台北、新竹、台中、高雄、花莲等城市，参观了大学、研究所、高科技园区和农村。我还与台湾的同行们交流了两岸生命科学研究的现状和发展前景。

取长补短、携手合作，成了两岸科学家的共同心愿。

在台湾研究院，我着重参观了分子生物学综合研究室；作为上海自然博物馆馆长，我兴致盎然地驻足流连于设在台中的自然科学博物馆。此博物馆占地10万平方米，设有天文、人类学、中国科学史、环境科学、生命科学等展厅和天象影院。

采用光、声、电等现代化手段的自然科学博物馆，给我留下了深刻的印象。

我又来到位于台北市的台湾东吴大学，受到章孝慈校长的接待。我还参加了东吴大学师生特意为我准备的座谈会。

回忆当年就学于东吴大学、又曾任教于东吴大学的往事，我十分动情。我希望两岸的东吴大学早日成为一所大学。台湾的报界评论说，我在东吴大学的访问虽然只有短短两个小时，但对东吴大学未来的发展有着重要的影响。

在台湾大学医院，我会见了台湾遗传学会会长潘以宏博士。在会见中，我希望台湾遗传学界顾全大局，支持中国遗传学会争取主办第18届国际遗传学大会，潘以宏表示完全理解。之后，1992年10月12日，潘以宏在给已回到上海的我的信中，再一次明确表示："我们不申请主办第18届国际遗传学大会，但与中国遗传学会协力争取主办第18届遗传学大会。"不久，台湾遗传

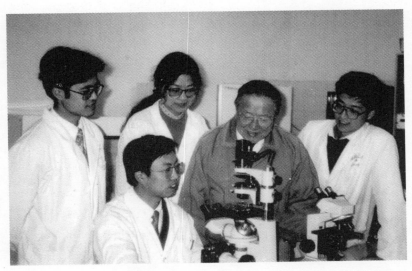

谈家桢指导卢大儒博士进行医学遗传研究（1994年）

学会第20次理监事暨编辑委员会会议正式做出"我们不主办第18届国际遗传学大会"的决议。继之，该会第22次理监事联席会议暨编辑会议证条中，再次确认："我们不分开主办第18届国际遗传学大会，协助我国大陆在北京召开，以使此会成功宣扬中华文化于世界。"

此后，1993年8月，在英国伯明翰召开的第17届国际遗传学大会上，中国北京以优势得票获得了第18届大会的主办权。这是后话了。

1992年6月11日，台湾东吴大学校友会集会，欢迎我访问台湾。

在这次校友会上，我与昔日的学生蒋纬国阔别60多年后欣喜重逢，成了台湾各大新闻传媒竞相报道的新闻。

蒋纬国于1928年秋进入苏州东吴大学附属中学就读，当时他使用的学名叫"蒋建镐"。两年后，我作为初三年级的代课教师，教过蒋纬国生物课。60多年后，蒋纬国一眼见到我，就激动地迎上前来呼道：

"谈老师!"

又对邱蕴芳恭敬地叫了一声：

"师母。"

摄影记者们纷纷抢上前去，摄下了这动人的一幕。

我和蒋纬国是浙江宁波同乡人，久别重逢，我们立即用宁波家乡话兴奋地攀谈起来。

"我印象中的谈老师是个亲切的人，老是笑嘻嘻的。"蒋纬国深情地说。

"谈先生，请你谈谈对蒋先生的印象，好吗?"一位记者提出。

"他吗？历来是班上拔尖的学生。性格开朗，并不'特殊'。"

"就是有点顽皮。"蒋纬国在一边插话。

大家哄地一下笑开了。

邱蕴芳说：

"蒋先生离开大陆那么多年，但家乡话比老师讲得好。不像谈先生，已经有点南腔北调了。"

"我还能讲苏州话，说弹词开篇呢。"蒋纬国在话语中充满了对家乡的眷恋之情。

在校友会上，蒋纬国还郑重地向我们赠送了事先准备好的礼物。礼物中，有他自己设计的印有蒋纬国英文名字的丝巾和领带，还有一只桌面型电子台钟，钟面上刻着一段文字：

"我们的基本立场——出发点：一、海峡两岸都自认为是

谈家桢在台湾访问期间，蒋纬国前来看望（1992年）

中国人。二、所以我们只需要一个中国。我们的愿望——国家战略目标：一、每一个中国人都有过好日子的机会。二、我国要受到全世界的尊敬。"

6月16日中午，在大陆科学家举行的答谢宴会上，我和蒋纬国再度晤面。蒋纬国首先上台致辞，他表示，在与老师夫妇道别前，感慨系之，索性以歌声代心声，引吭一曲。他声情并茂地唱道：

"……掌声响起来，我心更明白，歌声交汇你我的爱……"

他激动不已，连唱两遍。全场来宾为之动容，纷纷击拍相和，一时蔚为壮观。

当邱蕴芳离座准备站在我和蒋纬国师生中间合影留念时，蒋纬国马上站起来，示意邱蕴芳坐下，连声说：

"谈师母，您是长辈，哪有小辈坐、长辈站的事情？"

又说：

"没有老师，哪有我的今天？"

眉宇之间，洋溢着浓浓的师生之情。

谈家桢与生命科学学院院长苏德明在遗传所大楼前（1992年）

我访台期间，收到一位素未晤面的原籍湖北省仙桃市的胡岂凡先生的信，信中称：

公等冲破一切难关，来台访问，为大陆科技学人访台先声，凡我国人，谁不庆幸万分，也钦佩万分……

他用"水调歌头"词牌，填了一首词，"用梅花愈冷愈开花的精神……表达台湾教育界人士对公来台，具有无尽欢迎诚意"。

词曰：

塞花吟白雪，馨香倚霜浓。玉姿天从，百千年红紫尽平庸。三春桃李争宠，九秋桂菊剖动，谁与傲冰封。老干曲中挺，新枝遍藏锋。

清雅气，刚毅质，娇丽容。当绝冷艳，大地萧疏卧云松。翠黛如烟缥缈，霄壤流光凝冻，阳和隐神龙。爱梅何庸问，海天复寄芳踪。

其词激越清亮，内蕴不尽情意，读来自令人怦然心动。

又有一位名叫余佛龙的台胞给我寄来一信，信中说：

阁下等应邀来台参观访问，促进海峡两岸学术双向交流，其功至伟。此一互动……对未来两岸和平统一大业意义深远。

随信还附有一小册子，内中写道：

台湾同胞百分之九十八以上来自大陆，时间虽有先后，民族的认同则一，骨肉相随，密不可分，合则同得其利，分则同受其害。

又写道：

身为炎黄子孙的我们，为了使台湾更好，为了国家和平统一的历史任务，我们不能置身事外。

情真意切，毕见于字里行间。

这些表达了台岛人民心声的话语，使大陆科学家深为感动。

6月16日，正在北京访问的吴大猷教授提前赶回台北，设宴为访台的大陆科学家及其眷属饯行。

席间，沈君山教授充满深情地套用了南宋理学大师朱熹的原词，将之赠送给大陆同行：

谈家桢向客人介绍以猕猴为材料进行的辐射遗传学研究（1992年）

昨夜江边春水生，

艨艟巨舰一毛轻。

向来枉费推移力，

此日中流自在行。

我也即席发表感想。我认为，来台湾访问的这几天，是自己一生中最兴奋与激动的日子。经过40年相隔，来时是相见欢，去时是依依不舍。虽然只是走马观花，但终于实现了自己平生之最大夙愿。我还表示，愿做两岸科学界交流的铺路石，希望与台湾科学家一起，为中华民族的未来做出贡献。

在北京召开的第三世界科学院二次大会上发言（1987年）

1993年8月。英国，伯明翰。

国际遗传学大会此时在这里举行。这是第17届，五年一届。第16届在加拿大多伦多举行，第15届在印度新德里举行。下一届，第18届，谁为东道主？南美的智利？澳大利亚的悉尼？还是在上一届便成为众望所归的中国北京？这是大会会场内外人们关注和议论的一个焦点。

中国代表团驻地。科学家代表们在思索，在小声磋商。此刻，我也在思索着。英伦三岛的初秋凉意，常会把我的思绪带到很远很远。是啊，往事如烟，然而，十余年间参与国际和海峡两岸科技与学术交流活动的一情一景，回忆起来依旧宛如眼前。

1980年，我率团参加在柏林举行的国际细胞生物学会议，并在会上宣读了《关于人体基因文库建立》的专题论文。但是，在会期之始，却发生了一件令人不愉快的事情。原来，按照国际会议惯例，会场上面应悬挂各与会代表所在国家的国

谈家桢参加在柏林举办的国际细胞生物学会议（1980年）

旗。令我和代表团成员们吃惊的是，中华人民共和国的五星红旗十分触目地被颠倒悬挂了，而且，在同一个会场上，居然还悬挂着中国台湾的青天白日旗!

作为中国代表团团长，我当即召集团内同仁开会统一认识，指出这是涉及国家主权和尊严的重大原则问题，并迅速向大会东道主及组委会提出，上述现象，第一，说明了一些人的无知;第二，严重违反了联合国公约。中华人民共和国自1971年起即已重返联合国，台湾只是中国的一部分。

我明确表示，如果东道主及组委会执意如此，中国代表团将立即退出会场。

面对我们义正词严的抗议，对方无话可讲，当即撤去台湾的旗帜，并将五星红旗挂正。之后，对方又连续几天在会场上播放声明，向中国代表团表示歉意。

此次事件发生后，我认识到，科学无国界，但在国际科学学术交流活动中，仍时时有潜涡暗礁，又怎能回避政治性的问题呢？事关国家主权和尊严，在重大原则问题上就应该挺身而出，旗帜鲜明，寸步不让，据理力争，不能遮遮盖盖，含含糊糊，更不能闭目塞听，默认其事。也就是说，该硬就要硬，该顶就要顶。

回忆又把我的思绪带回到1992年。

谈家桢在伯明翰国际学术会议期间和与会者合影（*1993年*）

那一年初夏，我作为6位大陆科学家中的一员，应吴大猷、李远哲和沈君山等台湾著名科学家的邀请，到台湾做为期8天的短暂访问。在那次引起海内外舆论广泛瞩目的两岸高层科技交流中，我会旧友，交新知，与阔别60多年的学生蒋纬国先生畅叙别情，又去台湾的大学、研究院、博物馆及工厂企业访问考察。

在此期间，我向台湾同行提出了一项由两岸遗传学界共同投入、与美国合作探讨人类基因的研究计划，我还表示，如果两岸能以民族利益为重，将台湾的管理经验与大陆的高科技联手，那么，21世纪将是中国人的世纪。

在访问期间，当谈及1992年在巴塞罗那举行的第4届国际细胞生物学大会时，台湾研究院的一位所长问我，如果台湾方面赴会，将以什么名义前往。这一极富敏感性的话题立刻使我回想起1980年第2届国际细胞生物学会议上的往事。事关大局，我立即表态，在目前的情况下，似仍宜参照国际奥运会的形式，中国台北作为地区性的代表出面较为妥当。

我愈发明白了：在学术交流中很难避免政治性问题，而在原则问题上理当旗帜鲜明，不能含糊其词。

这回，在伯明翰，又遇上了同样的问题，同样的斗争。

我向代表团成员们表示，申办第18届国际遗传学大会，我们的优势很大，但不能掉以轻心，在原则问题上，我们决不妥协，但我们要抓住问题的要害，拿出有说服力的依据，争取舆论和公众的支持。

紧接着，我抓住时机，及时约见了《遗传信使报》的主编。在谈及申办第18届国际遗传学大会一事时，我指出，申办国际遗传学大会的问题，我们在上一届(第16届)大会上就提出过，但是，会长弗兰克尔爵士(英裔澳大利亚人)有偏袒倾向，在发言中甚而说出"中国能举办这样的会议吗？""英语行吗？""是否所有的国家都参加由中国举办的会议？"之类倾向十分明显的话来，致使中国仅以一票之差落选。当时，中国代表团为顾全大局，照顾弗兰克尔先生的面子，加以第18届大会在北京举行的提议事实上已为大多数人所认可，因此，中国代表团在各方面都十分地克制。

　　"但是——"我话锋一转，"我们在此也不妨做一个回顾，自1983年以来，第15届在新德里举行，第16届在多伦多举行，第17届在伯明翰举行。如果第18届大会再放到悉尼去开的话，我很担心，会使人们产生一种错觉，以为我们所举行的不是国际遗传学大会，而是英联邦的会议了。"

　　这番话，正好击中问题的要害，赢得了公众和舆论的支持。

　　一位公正的英国人士指出，弗兰克尔先生在上一届会议上对中国的做法似乎很不公道。

　　《遗传信使报》也迅即发表题为Next Stop—Where?(《下一站在哪里？》)的署名文章，表示了对我的观点的支持，也就是对在北京举办第18届国际遗传学大会的支持。

　　世界之大，正道直行，强权难久，人心所向。

第17届国际遗传学大会对第18届会议东道主的表决揭晓:

中国北京以优势得票获得了这一资格!

"两论"使我受用不尽

　　毛泽东主席逝世已有20多年，我对他的思念与日俱增。这种思念随着岁月的消长，又从感情上升为理念。

　　我十分推崇德国物理学家曼克斯·普朗克(Max Planck)说过的一段话："科学是内在的整体。实际上存在着由物理到化学，通过生物学和人类学到社会科学的链条，这是一个任何一处都不能打破的链条。"

　　我认为：如果生命科学是自然科学和社会科学的桥梁，那么，神经生物学便是使两者互相沟通的关节点。神经生物学的研究，不仅能带动自然科学向前发展，而且可以让社会科学向前推进。神经生物学已成为现代科学领域中最有希望、最富有生气的生长点。

　　我同时还认为，毛泽东的《实践论》和《矛盾论》(简称"两论")，是毛泽东革命实践的总结，也是颠扑不破的科学真理。"两论"中关于实践的观点和唯物辩证的观点，"不仅在遗传学的发展史中已得到充分的体现，而且也是指导遗传学发展的科学真理"。

"两论"是毛泽东比较系统和全面地阐述自己的哲学世界观的两部著作。时值20世纪40年代，毛泽东继发表《论反对日本帝国主义的策略》和《中国革命战争的战略问题》以后，把政治路线问题提高到哲学世界观、认识论和方法论的高度。"两论"的发表，也是从哲学上对两次国内革命战争进行了总结。

《实践论》着重论述了认识与实践、知与行的辩证关系。

毛泽东指出：社会实践是人们认识的来源。由于人类社会的生产活动是由低级向高级发展的，因此，人们的认识不论对自然界方面还是对于社会方面，也都是一步一步地由低级向高级发展，由浅入深，由片面到更多的方面。由此得出结论：只有人们的社会实践，才是人们对外界认识的真理性的标准，判定认识或理论之是否为真理，不是依主观上觉得如何而定，而是依客观上社会实践的结果如何而定。"真理的标准只能是社会的实践。实践的观点是辩证唯物论的认识论之第一的和基本的观点。"

毛泽东透彻地论述了马克思主义认识运动的唯物的辩证的基本观点，强调了实践在认识过程中的地位作用。

半个世纪以后，我将《实践论》的观点运用到对遗传学发展史的认识上。我曾写过一篇名为《毛主席的"两论"使我受用不尽》的文章，发表在1993年11月3日的《科技日报》上。我在文章中写道：

人类在自发地保存和改进原始动、植物的过程中，逐渐从经验中积累了有关分离和繁殖的知识，不自觉地学会了改良动、植物品种的方法，并逐渐培养出有利于人类生存和发展的家养动物和栽培植物，改良了生物的习性。这是遗传学知识最早在实践中的应用。孟德尔在前人生产和科学实践的基础上，概括了自己在豌豆杂交试验中某些性状的分离现象，发表了遗传学史上具有重要地位的《植物杂交试验》一文，从而揭示了遗传学上的两个基本规律，即基因分离律和独立支配律。随着遗传学规律的揭示，育种手段日益多样化，导致20世纪30年代的第一次绿色革命，大大提高了农产品的产量和质量。50年代开始，由于发现遗传物质的DNA分子基础和三个核苷酸决定一种氨基酸的遗传密码等遗传学突破性的进展，遗传学史上又

谈家桢在浙大百年校庆庆祝大会上致辞（1997年）

发生了重大的变革。遗传学在分子基础上进入了不同物种间基因可以相互转移的遗传工程时代。从此，遗传学不仅为细胞分化、生长发育、肿瘤发生等有关高等生物基础研究提供了有效的实验手段，而且开辟了遗传学应用于生产实践及人类生活的新纪元。

毛泽东在《矛盾论》中，深刻地阐述了马克思主义的唯物辩证法的对立统一这个根本法则。

在论述两种宇宙观的对立时，毛泽东指出：唯物辩证法认为，事物的内在矛盾性是事物发展的根本原因，一事物和他事物的互相联系和互相影响则是事物发展的第二位原因。外因是变化的条件，内因是变化的根据，外因通过内因起作用。

毛泽东说："……鸡蛋因得适当的温度而变化为鸡子，但温度不能使石头变为鸡子，因为二者的根据是不同的。"的确如此，温度不仅不能使石头变为鸡子，也不能使鸭蛋变为鸡子。生物体发生变异的内部原因是基因突变、染色体畸变和基因的重组。而外因是变化的条件，如冬性小麦和春性小麦是遗传上不同的品种，在自然条件和人工条件下诱发而形成的。春性小麦田里可混杂着冬性小麦种子或出现冬性突变。在冬天里栽培春性冬小麦植株，显然是因为冬性温度选择了突变型或混杂其中的冬性型，反之亦然。这里特定温度是起了选择作用而非诱变作用。苏联的李森科等不尊重客观事实，硬把冬、春天的温度说成是冬、春小麦互变的依据，甚而发展到随心所欲地在小麦中找黑麦，正是违背了事物的矛盾发展规律。

又如高矮水稻，其内部基因不同，它们能够成长为高矮水稻还需要一定的外因(条件)。外因通过内因起了作用，水稻才能表现出遗传的性状。遗传基因是不能撇开外因单独起作用的。在遗传学上，基因是内因，表现型是内因加外因(环境条件)。可以这样认为，毛泽东的《矛盾论》与遗传学一百多年的发展史是一致的。

时至今日，在我那堆满书籍的案头上，仍然放着毛泽东主席的那两篇著作：《实践论》和《矛盾论》。

对教育改革进一言

　　1994年10月至1995年1月，我偕夫人重访美国，历时3个月，访问了美国东、西、中、南部10多个城市，接触了许多大学和研究机构的人士。令我印象至深的是，在美国的科技界，华裔人士正变得越来越多。

　　可以这样说，我所到之处，能够看到众多的中国留学进修人员，其中仅圣地亚哥一地，便有复旦大学生命科学院出去的学生40人之多，而有的实验室里，满目望去，几乎全是中国人！

　　但是，在十几万赴美的中国留学进修人员中，大部分人目前在美国仍属于廉价智力劳动型。这固然由于中国留学进修人员去美时间较短，其中大部分是1978年以后赴美的，生根立足尚需一段时日，而另一层原因，则正如我的一些美国朋友所说的，中国学生在外勤奋努力，都能超额完成学习和工作任务，但不足的是，他们工作上的主动性和创见性比较欠缺。关于这一点，倒是应该对中国的现行教育制度做一些必要的反思。

　　对中国的现行教育制度、对整个中国教育问题的思考，对于我来说，已不是自今日始，而是酝酿了很久很久的了。

1995年10月7日，在北京钓鱼台国宾馆7号楼，我把一份关于教育改革的建言提纲亲手交给中共中央办公厅主任曾庆红，并请他转呈江泽民总书记和李岚清副总理。

10月11日，刚从外地出差返京的李岚清副总理受江泽民总书记的委托，立即给我复了信。信中十分亲切地写道：

谈老：

您好！

您给江总书记和我的信已收悉并已拜读，非常感谢您对我国科教事业改革和发展始终不渝的关怀。我本拟前来拜访并聆听您的指教，但因我刚出差回来，您已离京，待下次出差去上海时再来看望。您的意见很好，我已转国家教委的领导，请他们认真研究，（这些意见）属于教育领域的改革，我们这几年的改革一直是按您信中提出的方向在做的，我们将继续加强这方面的力度……言有未尽，待当面请教，望多多保重身体。

致以

　敬礼

李岚清

一九九五年十月十一日

有人问我，在这份致中共中央的教改建言中，你到底谈了哪些问题呢？

这里，我就把我这些年来形成的一些想法介绍一下。

学生从小学到初中，连续9年，为法定的接受义务基础教育时期。人人都享有这种接受义务教育的权利，不应该有贵族学校与平民学校、重点学校与一般学校之分。这是因为，中小学教育的根本目的在于培养合格的公民，提高整个民族的素质。

教育坚持德、智、体全面发展是对的，但我以为，是否还可以加上三个方面？一是"群"，即集体主义思想。中国传统文化中的"德"，对集体主义讲得很少，"文人相轻""各自为政"，比比皆是，历来如此。今天搞社会主义市场经济，跟国际接轨，走集团型道路，需要的正是集体主义。二是"劳"，即劳动习惯，动手能力。一个合格的公民，首先是一个自食其力的劳动者。现在我们的家庭结构，不少是4：2：1的比例，也就是说，父母双亲，加上父母双方的父母，六个长辈围着一个孩子转。这样一来，有许多孩子在自己的家里，就像一个"小皇帝"，衣来伸手，饭来张口，一点劳动习惯都没有，动手能力也很差。再有第三，是"美"，即美育教育。我们现在处在一个急剧变革的时代，要通过美学教育，使学生在复杂的社会环境中自觉识别美与丑，健康与腐朽，做到心灵美，行为美，语言美。

九年义务基础教育以后，面临着一个分流问题，一部分学生升入高中，一部分学生进入中专或职业技术学校，也就是进入就业前的职业培训教育。事实上，办好中专和职业技术学校，是教育改革的一个趋势。这个问题，我在80年代初就提出过。学生从这类学校毕业后，有一定的专门知识或技能，经过一段时间的实践，就可以适应工作。对国家建设，对学生们自己都是好事，又何乐而不为呢?具有高中程度的中专毕业生照样可以考大学嘛!

五六十年代有一句口号："学好数理化，走遍天下都不怕。"这种提法很片面，我反对。我主张"三百六十行，行行出状元"，现在有一些对"人才"的片面认识需要澄清。什么是人才？不是只有科学家、作家、音乐家、画家这些带"家"的人是人才，各行各业，只要能对社会做出一定贡献的人都是人才。一个国家的兴旺发达，不能只靠少数人，要靠各行各业，靠全民族的共同努力。

当然，我在高等学校从事教育60余年，最令我为之牵肠挂肚的，还是大学的改革和发展。

回顾过去高等学校办学的弊病，可以用四句话来通俗地加以概括，那就是："综合不综，博士不博，奶油蛋糕，卖条头糕。"

综合不综，指的是综合大学。综合大学，顾名思义，应该是名副其实的学科齐全的、综合性的教学基地，培养出来的学生，则应该是高层次的复合型、创造型人才，但现在的一些大学，实际上是一些学科不全的文理学院，我说它们是上不着"天"，下不着"地"；又可以说是缺"天"(天文)、缺"地"(地理、地质)、缺"人"(人类学)、缺"心"(心理学)。这样的学校培养出来的人才，专业性强而知识面狭窄。

博士不博，照应上面提到的问题，是指博士生的知识面太狭窄。中国博士生的培养，往往过于偏重专业科学研究而忽视扎实的基础知识的训练，其实，博士论文只是一名合格的博士生的必要条件，而不是充分条件。再则，现在一些研究院、研究所根本不具备开设基础课的条件，却也在培养博士生，按国际上的惯例，学位只能通过大学授予，道理也在于此。在当今科学技术领域里，真正能攀上高峰的，必属知识广博者无疑。以生命科学这场关乎人类世界未来命运的伟大变革而言，吹前奏曲的，除了生命科学，不乏物理学界和化学界的佼佼者，譬如玻尔、薛定谔，譬如鲍林和德尔布吕克……

奶油蛋糕，是指学生学到的书本知识过于专业化而基础性不强，如同奶油蛋糕，华而不实，不实惠，吃不饱。说到卖条头糕，是对现在通行的一套教学方法的不客气的批评了。多少年来，我们的不少教师，习惯捧着全国统编教材照本宣科，常常是，走进教室，在黑板上一条、两条、三条地写下来，条理清楚，头头是道；底下的学生呢，埋头记笔记，照单全收。到了考试时，也一条、两条、三条，原封不动地还给教师。

谈家桢在大会上发言

这样培养出来的学生自然不会是具有创新精神的开拓型人才，他们在分析能力和创造能力上存在着先天性的严重缺陷！21世纪是"人类生存和发展"的世纪，摆在学校和教育部门、摆在我们这些人面前的课题是，如何培养大批适应时代需要的德、智、体、群、劳、美全面发展的各类层次的人才，任重道远，任重道远哪！

　　本书在张光武先生的协助下，完稿付梓。其实，完成这本书的过程，也是对我自己大半生人生历程的一个客观回顾。

　　最近，我一直在思考一个问题，为什么我们这一代知识分子中的大多数，半个世纪以来，在思想上一直自觉地、心悦诚服地接受中国共产党的领导和马克思主义的理论指导，用一句通俗的话讲，就是听共产党的话，走社会主义道路呢？

　　我是1909年出生的。1921年中国共产党成立之时，我12岁，正小学毕业，进入中学读书。此后的78年中，我读书求学问，出过国，留过洋，去过大洋彼岸加州理工学院的摩尔根实验室，后来又回国，长期从事科学和教育工作。风风雨雨，艰难跋涉，我一直希望有朝一日能实现年轻时的科学救国的理想。刚回国时我很失望，满清王朝被推翻了，继而是军阀混战，民不聊生，我们面对的是一个满目疮痍、哀鸿遍野的中国。一个很重要的问题是，人民没有翻身得解放，"科学救国"在中国是行不通的。

　　1949年，新中国成立，我亲身体会到，只有在共产党的领导下，中国才有条件走科教救国的道路。

跟毛泽东主席之间的那段交往，更令我难以忘怀。

毛泽东主席是有远见卓识的。40多年后的今天，"明天的时代将是生命科学的时代，明天的世纪将是生命科学的世纪"，已成为世人的共识。

十一届三中全会，对中国的历史而言，对于当代中国人的命运而言，具有划时代的意义。

这是一个实事求是的时代的开始，这是一个解放思想的时代的开始，这也是一个科学的、理智的时代的开始。从那时开始的短短20年间，中国真正出现了翻天覆地的变化。

这个变化，也同样表现在中国的科学教育事业上，表现在对待知识分子的问题上。从1978年邓小平在全国科技大会上石破天惊地提出"科学技术是生产力"，到进而提出"科学技术是第一生产力"，到1998年3月19日全国九届人大一次会议闭幕之际，新任国务院总理朱镕基在中外记者招待会上又一次令人振奋地宣布："本届政府的主要任务是科教兴国。"

历史是不断进步的。作为一个出生在20世纪初的科教工作者，我有幸看到了历史的这一进步，我对我们的祖国、我们民族的未来充满信心。

谈家桢

1999年12月

出版说明

　　《大科学家讲的小故事》丛书有五册，是在1997年的纯文本基础上添加图片、修改文字而成。纯文本图书上市后，受到读者喜爱，产生很大社会影响，1998年先后获第四届"国家图书奖"和中宣部"五个一工程·一本好书"奖。

　　十年过去，丛书作者苏步青、王淦昌、贾兰坡、郑作新、谈家桢等大科学家先后离开人世。今天重读大师作品，仍然感动。本次出版基本保持原书文字，每种图书增加数十帧照片，使图书更通俗，更具史料价值。

　　让我们在阅读中感受大科学家们热爱祖国，无私奉献的高尚品德。

编者

2009年9月

图书在版编目（CIP）数据

生命的密码/谈家桢著.—长沙：湖南少年儿童出版社，2009.11
（大科学家讲的小故事丛书：插图珍藏版）
ISBN 978-7-5358-4927-4

I.生… Ⅱ.谈… Ⅲ.生命科学–青少年读物　Ⅳ.Q1-0

中国版本图书馆CIP数据核字（2009）第210671号

生命的密码

责任编辑： 冯小竹
装帧设计： 多米诺设计·咨询　吴颖辉

出版人：胡　坚
出版发行：湖南少年儿童出版社
地址：湖南长沙市晚报大道89号　邮编：410016
电话：0731-82196340（销售部）　82196313（总编室）
传真：0731-82199308（销售部）　82196330（综合管理部）

经销：新华书店
常年法律顾问：北京长安律师事务所长沙分所　张晓军律师
印制：湖南天闻新华印务有限公司
开本：880mm×1230mm　1/32
印张：5
版次：2010年1月第1版　印次：2021年7月第40次印刷
定价：15.00元